Rich致富 98

創新者的秘密

The Map of Innovation
:creating something out of nothing

凱文‧歐康納(Kevin O'Connor)
保羅‧B‧布朗(Paul B.Brown) ◎著
林宜萱 ◎譯

高寶書版集團

Rich致富館098

創新者的祕密

The Map of Innovation:creating something out of nothing

作　　者：凱文‧歐康納（Kevin O'Connor）、保羅‧B‧布朗(Paul B.Brown)
譯　　者：林宜萱
編　　輯：李欣蓉
校　　對：江麗秋
出 版 者：英屬維京群島商高寶國際有限公司台灣分公司
　　　　　Global Group Holdings,Ltd.
地　　址：台北市內湖區新明路174巷15號1樓
網　　址：gobooks.com.tw
E - mail：readers@sitak.com.tw（讀者服務部）
　　　　　pr@sitak.com.tw（公關諮詢部）
電　　話：(02)27911197　27918621
電　　傳：出版部 (02)27955824　行銷部 27955825
郵政劃撥：19394552
戶　　名：英屬維京群島商高寶國際有限公司台灣分公司
發　　行：希代書版集團發行/Printed in Taiwan
初版日期：2006年2月

The Map of Innovation : creating something out of nothing
by Kevin O' Connor with Paul B. Brown
Copyright © 2003 Kevin O' Connor
This translation published by arrangement with Crown Business,
an imprint of Random House, Inc.
through Bardon-Chinese Media Agency.
Complex Chinese translation
copyright © 2006 by Global Group Holdings, Ltd.,
a division of Sitak Group.
ALL RIGHTS RESERVED.

國家圖書館出版品預行編目資料

創新者的秘密 / 凱文‧歐康納(Kevin O'Connor)
，保羅‧B‧布朗(Paul B. Brown)合著 ；林宜萱
譯. -- 初版. -- 臺北市 ： 高寶國際出版
：希代發行，2006[民95]
　　面 ；　公分. -- (Rich致富館 ；98)
　　譯自 ：The map of innovation : creating
　　　　　something out of nothing
ISBN 986-7088-17-4(平裝)
 1. 創意 2. 決策管理

494.1　　　　　　　　　　　　　95001037

「如果你對於開創新事業有著極高的興趣，而你希望有一個清楚、確定又超棒的指導原則，你幸運地找到了。」

　　　　　——愛德溫‧史勞斯堡（Edwin Schlossberg）
　　　　　　　　　　ESI設計公司總裁

CONTENTS

前言：我是怎麼發明網路的　8

第 一 章　你確定真的要這麼做？　11

如果我不能想出一個好點子，該怎麼辦？
或是找不到錢？
或是找不到好人才？
或是已經有十個人針對相同的概念開發，
對我們的市場將會造成衝擊？
每個成功的事業都必須要解決問題或是滿足需求。「需求」
這個字是非常重要的。不管你是銷售給一般顧客或是企業客
戶，他們都會付錢來滿足他們的「需求」。

第二章　BPT：腦力激盪排序術　31

BPT流程的目的並不是要創造出確定性，而是要創造出最多的
可能性，盡可能找出最多的好點子，藉此提升成功的機率。
這像是一個大腦練習，如果多加運動練習，「它」將會自動
調適並成長，就像肌肉一樣。你越常做BPT練習，你將會變得
越來越有創意。

第三章　你的顧客是誰？　49

你的顧客是誰？
他們的需求是什麼？
你可以如何用最有效率的方法來解決這些需求？記住，你不
一定就代表市場。你喜歡巧克力豆，不表示全世界的人都喜
歡。假設「自己代表市場」的思維是非常危險的。

第四章　發展策略　95

你要解決什麼的問題？

你的產品或服務如何能以最棒的方式來解決上述問題？

你要如何將產品或服務帶到市場上？

建立你自己的營運計畫、你的策略，就是一個聚焦的練習。

這將會在計畫的核心部分關於5P ──（定位、產品、促銷、

定價以及通路）的探討當中顯現無遺。

第五章　如何籌錢　137

在獲得必要的資金來將你的點子轉化為現實的過程中，有一

個非常大的弔詭之處：當你不需要錢的時候，每個人都希望

給你一些；但當你真的需要之時，沒有人會給你一毛錢。關

於這個弔詭之處的解答是：千萬不要讓自己陷入「需要錢」

的境地。

第六章　尋找對的人　173

瞭解你的缺點是什麼。

找到能夠跟你互補、或抵銷掉缺點的人。

A級管理者雇用A級人才；B級管理者雇用C級人才。

你的目標是要雇用A級或A級以上的人才。

第七章　本書重點摘要　201

附錄：創造一個營運計畫：DoubleClick營運計畫書　207

祝你好運！

　　　　　——凱文・歐康納（Kevin O'onnor）

我是怎麼發明網路的

網路不是艾・高爾（Al Gore）發明的。是我發明的。且讓我
一一道來。

1980年代晚期，我協助成立的第一家公司 ICC，這家公司主要
在協助個人電腦與主機相連結，但常會遇到運算時延遲的問題。

我們的產品沒有什麼問題，只是當時的技術一直不斷在改變：
技術轉移到主從式運算模式的趨勢正逐漸成形。此外，當個人電腦
的威力變得越來越強之時，與主機相連結的需求也逐步衰退，而我
們的業務量也跟著走下坡。

當我正在思考到底能做出什麼因應之道時，突然閃過一個想
法：我們為何不開發一個更聰明的終端機，可以跟任何電腦系統相
容、而且可以善加運用個人電腦的強大威力？況且，大家需要的不
是五十個需要不同系統的笨終端機，而是單一而普遍可使用的一
個。

你可以直接跟這個終端系統溝通，也可以讓你連結到在這個
系統之中的任何其他人。這個新的終端系統可以支援圖象、選項清
單、語法、照片等等。

這個想法簡單來說，就是網際網路。

如你所知，儘管我的觀察入微，我還是沒發明出網路。但這個經驗教了我重要的兩件事：

第一點：點子是廉價的。你一旦浮現某個點子，就必須針對這個想法去做點什麼事。

第二點，建立流程。如果你真的想要針對你的點子做一點事情，不管是在既有的組織內、或是自己成立一個新公司，你都需要一個流程。你需要一個方法，找出最棒的點子。

接下來是更重要的一點：你需要有效率的方法，發展最棒的策略、籌資、以及找到正確的人，藉此將這些點子落實，在市場上推出。

在過去二十年來，在嘗試錯誤的經驗之後，我想我已經找出一個方法，可以「無中生有」：從一個新點子的產生，一直到將這些點子推出到市場上。

我曾協助建立三個非常成功的公司，第一家是將個人電腦與主機連結在一起的 ICC；第二家是網路安全系統（ISS），該公司現已成為網路安全業者的領導品牌。第三家則是 DoubleClick，我為這家公司發展出一個流程，能協助廣告主在網路上，瞄準目標族群進行有效的廣告活動。我深信這些公司之所以成功，有一部份的原因是源自於我在本書中將要跟各位分享的一些概念。

雖然我個人出身於技術背景，但這些原則是可以應用到各種產業、各個公司的，不管是以技術為基礎的新創公司，或是《財星》五百大企業中的零售業者。事實上，我現在還使用這些概念協助另

兩家零售業公司:其中一家的目標是成為「極限運動」領域裡的殺手級業者;另一家則是要顛覆你租錄影帶的方式。

要讓這些點子落實成真,並不一定要成立一家新公司;即使在既有的組織裡,同樣可以做到。我在協助成立上述三家公司時,都重複使用了這個流程,一方面構思產品線、一方面也擴展產品線。

你也可以這樣做。誰知道,說不定你會想出下一個類似網際網路般強烈威力的點子。在以下幾章當中,我將會跟你分享,如何做到這一點。

2003年春天於聖塔芭芭拉

第一章
你確定眞的要這麼做？

「當然！我知道我在做什麼！這怎麼可能會出錯？」

羅夫・克雷頓（Ralph Kramden）

如果你知道，創立一個新創事業的成功機率有多少，那麼你可能永遠都不會展開行動。如果你是想由既有的產品線延伸出去，你有相當合理的機率會成功；但如果你是想要創造一些全新的玩意兒，那又另當別論。

在一百個點子裡，只有一個點子會被認為是好的。在這一百個好點子裡，只有一個值得追求，值得為它建立一個新的公司或部門，而且可能只有一個會被判定是成功的公司。

因此，你要打出滿分全壘打的機率是：1:100 X 1:100 X 1:100，也就是百萬分之一。但是也許你會問，如果機率只有百萬分之一，一開始時又何必要踏上本壘板呢？

即使如此，我發現自己現在也處於新創事業的行列。我一直試著要成立新公司，而且之前我所提到的極限運動用品超市和消費電子產品都進行得非常順利。

不過，在寫這些的同時，我也開始擔心。

・如果我不能想出一個好點子，該怎麼辦？

・或是找不到錢？

・或是找不到好人才？

・或是已經有十個人針對相同的概念開發，因此對我們的市場將會造成衝擊？

光是想到這些，我就開始冒汗了。

　　但往另外一方面看，這時候的初創階段是最令人興奮的。你可以往任何方向前進。或許你會成為自愛迪生以來最偉大的投資者，或甚至更有威力的：自比爾・蓋茲以來最偉大的投資者（不太可能啦，不過還是幻想一下……），或許你會建立一個足以顛覆全世界的公司、或建立起一個全新產業。天啊，這種初創階段真是令人興奮啊。

　　我猜，這就是吸引我一直做這件事的原因。我已經協助了數十家產品以及三家獨立的公司成立，也投資在十幾家尚在初創階段的公司。ICC是我的第一家新創公司，這家公司主要的產品是要讓個人電腦跟公司主機相連，成為個人電腦軟體產業的開路先鋒。這在今日聽來雖然不是什麼新鮮事，但在二十年前，這幾乎是一種巫術呢！

　　而我所創立的另一家公司——ISS營收已逾2億美元，是保全軟體領域的領導者。該公司提供服務給全球九千家以上的企業客戶，其中包括《財星》前五十大企業中的四十九家；十家全球最大電信公司；還有美國的聯邦、州或地方政府中各主要局部單位。

　　接著，我創立了DoubleClick。大部份的人在談到「網路倖存者」的成功個案時，通常都會將這家公司跟eBay、亞馬遜網路書店相提並論。DoubleClick主要的客戶是廣告主、直效行銷業者以及網路出版商，它提供上述客戶規劃、執行及分析其行銷計畫所需的工具。簡單來說，我們的線上廣告、電子郵件行銷、以及資料庫行銷解決方案可以幫助客戶，在行銷費用上獲致最大報酬；同時也協助衡量其通路內、以及不同通路間的績效。我們現在在20個國家設點營運，員工超過一千五百人。

今天，我將大部份的時間花在協助成立其他新公司。協助ISS及DoubleClick籌資的Greylock是一家合資企業，該公司的合夥人大衛·史壯（Dave Strohm）曾將我形容為「連續創業家」（serial entrepreneur）。以前我從來不曾這樣看待自己，但當我仔細想想之後，我發現我的朋友還真說對了。

時序回到1983年，當時我剛與友人成立ICC。那時候，我幾乎很少聽到「創業家」這個字眼。我不但不認識半個創業家，甚至不知道這個字怎麼拼。

> 不管你是想要創立一個全新的事業、或在既有組織內創新，步驟都是一樣的：的確有個流程可以幫你以更快的速度、更便宜的代價，達到更好的成效。

過去二十年來，一切事物有了很大的變化。現在我每天會見到許多想要成立公司、或剛成立公司的人，跟他們有相當多的機會聊天切磋。此外，我常常遇到想成為「內部創業家」（intrapreneurs）的人（一個難看的流行用語，不過卻代表一個有趣的過程），他們想在原來工作的組織內創造新產品、落實他們的點子。

在過去幾年，當我跟這些人對話時，我們會彼此交流，談談過去做了哪些、未來希望做什麼，也有許多人都建議我將這些經驗寫成一本書。尤其當DoubleClick獲得越來越多媒體的注目，我開始接

到編輯的邀稿電話，要我寫些關於新創科技事業的「秘密」。對此我總是受寵若驚。而我的回答也永遠一樣：我沒有時間。因為當時我還擔任DoubleClick的執行長，因此我告訴他們，我需要將焦點放在事業經營之上。（而我沒說出口的則是：我知道寫書的投資報酬率很低）

　　不過，當將執行長的工作卸下交棒給凱文・雷恩（Kevin Ryan）後，雖然我繼續擔任董事長，不過手邊總算有多一點的時間了。

你應該繼續讀下去的理由

　　我之所以要寫這本書，實在是因為市面上沒有太多關於「創新」及「如何將創意推向市場」的好著作。我發現坊間大部份的書都只談創新的重要性，但談到「如何」創新的卻是少之又少。或者，他們傾向於將焦點放在增進創造力的方法之上，例如羅傑・馮・歐克（Roger von Oech）寫的《當頭棒喝～ 如何讓你更有創意》（*A Whack on the Side of the Head*）就相當不錯。

　　我寫這本書的目的，就是要把我的流程以白紙黑字記錄下來。這個過程（或許都是很細微的事情）的確幫助我加速創新曲線，讓大家都過得更好一些。這個流程將會協助你，避開我一路走來所犯的許多錯誤（我會仔細說明這些失敗的案例，因此你可以清楚知道，哪些是千萬不要做的）。我知道這可以幫助你，因為我所要介紹這個流程，正是我用來成立上述三家成功企業、以及幾十項成功產品的一貫方法。

這句話聽起來雖然有點違反常理，但我真的認為你可以「有方法地進行創新」。你可以執行創新，可以遵循一個流程，藉此改善你所能想出來的點子數量與品質。我知道這是真的而不是虛幻的，因為我正是使用這個流程，創造出數十種成功的產品。

在生活中，我從來沒等著那有名的「靈光一現」在我腦中蹦出來。我有太多責任義務在身，沒空等它。因此，你在本書中將會學到促使創意產生的流程，這是我過去二十多年來，累積多次嘗試與錯誤後發展出來的流程，同時也在相當多不同的產業內精鍊，獲得實證的成果。

我真希望愛迪生當時可以更完整地記錄他一系列創新的過程。我非常喜歡、也非常認同他的名言：「創新是一分的靈感加上九十九分的努力。」這也更強化了我的信念：創新一定是有方法的。愛迪生會找出一個問題、然後拼了命地找出最佳解答，這就是我們此處想要嘗試的。

那麼，本書對你有什麼好處呢？

這本書可不是快速致富手冊。如果你找的是這樣的魔法，請放下書去買樂透彩券算了。而且從那種在書當中致富的，只有作者本身而已，因為他們藉著出書獲得演講及顧問的機會賺錢。

我總是努力要建立真正能解決問題、產生利潤、並能經過時間考驗的公司與產品。我非常熱愛科技與創新，也十分地幸運，能從

「產生新點子」這個曾經只是嗜好的活動中去賺到錢。

本書的目標讀者是想要透過以下行動來創新的人：

◆ **想從頭開始建立一些新玩意兒的人**。例如開發新產品或服務、或讓既有組織內的既有流程更加有效率。（我相信要在企業內創新與獨立創新所需具備的成功要素是非常類似的。在這兩種情況之下，你都必須要創造出點子、整合策略、籌措資金、招募對的人才、將產品或服務在市場上推出，即使這個「市場」是公司內部也不例外。你將在本書中發現，不管是哪一種創新，你所使用的流程幾乎是一樣的）

◆ **想要改善某件事的人**。組織不創新就只有死路一條，它們會被那些找出方法改善產品、服務或解決客戶需求的公司給取而代之。

簡單來說，這本書要獻給所有對新點子懷抱滿腹熱情與創業衝勁，並且會進一步透過創立新公司或改善既有組織來落實的人。

打擊練習

那麼，你為什麼要聽我的？

我沒有博士學位，甚至連MBA都沒有（我是密西根大學83級的，拿的是電機工程的學士學位）。我也不是顧問；而且，比我成功許多的創業家榜樣多的是，例如愛迪生跟比爾‧蓋茲，他們都是我亟欲學習的對象。

也許創造新產品的人很多，但要能創造許多新產品，而且這些

新產品又能激盪出新產業、還急遽改變世界的，就不多了。而湯瑪斯・愛迪生正是其中之一。他改變世界的偉大發明包括了電燈泡、留聲機及攝影機等等。在這過程中，愛迪生並沒有追求什麼「酷」技術，他只專注在解決與社會有關的問題而已。

而另一位創業家的榜樣比爾・蓋茲，從他身上所獲得的最佳啟示，就是我所謂的「漸進式創新」。微軟似乎相信，唯有身處在市場之內，才有辦法從其中學習，而進入市場的最好方法就是：推出產品。事實指出，微軟的第一代產品很少會有很好的效能，但是透過後續的努力研究與漸進式的創新，其產品最終多能在市場上獨霸一方。

我嘗試著要大量閱讀有關像愛迪生、比爾・蓋茲這些優秀創新份子的相關資料，希望盡可能由其中學到多一點東西。但是我卻沒辦法在其中找到這些最棒的創新份子之間到底有什麼共同要素，這一點令我深感挫敗。他們的自傳通常都只陳述了他們「做了什麼」；卻沒有談他們是「如何」達到那些成就的。但是我想要的，是找出一個能夠不斷複製成功的法則。當然，沒有一個方法可以保證成功，但我想一定有方法可以「增加」成功的機率。

關於這一點，我喜歡用棒球來作為比喻（我並沒有特別喜歡這項運動，但這種意象非常能解釋我所表達的意義）。假設你的目標是要在面對大聯盟的投手時，打出一記安打，而你的能力不過差強人意而已。你會怎麼做？

你可能會站上本壘，盡你最大可能揮棒，你可以從足後跟揮棒三次，誰知道？說不定你真能打到球，而且球可能飛得很遠，你因此得到一記安打。

這的確可能會發生，不過我想每個人都會承認，這種情況發生的機會很渺茫。

如果你希望改善安打機率，你可能會將焦點放在打擊的基本功之上。首先，你會學習如何正確揮棒。你會先在打擊練習場，接著設法讓一些好的業餘投手向你丟球。然後，你可能會研究你所要面對的投手，找出他投球的模式，並且瞭解過去用哪些招數對付他是有效的戰術。

這些就能保證成功嗎？當然不行。

但如果你專注於這些基本功之上，絕對能大幅提昇你揮出安打的機率。

這就是本書的精神：改善你成功的機率。

你大可以走開，大膽嘗試一些新玩意兒，你也可能會成功。但你如果能發展一個有系統的計畫來改善技巧，並且引導你避開可能的問題，那麼你將會擁有更高的成功機會，不管是在既有公司之內、或是自己開始新創的事業。

因此，請把本書想像成某種形式的「打擊練習」。本書會讓你將焦點放在基本功夫上，這些是你要成功前必須該做到的事情。在創立新事業時，沒有什麼事的重要性會大過於「將全副心力投注在影響公司成敗的核心事物上」。但是人們通常會將心力放在一些根本不重要的事情上；或者浪費時間想找出一些根本不存在的答案。

不管是新創事業、或在既有組織內創新，以下這些都是值得你投注全副注意力的基本事項：

1.想出一大堆可行的點子

2.挑出適當的點子來追求

3.建立一個高度聚焦的策略，設法將在市場上推出
4.籌到上述策略所需要的資金
5.雇用優秀人才來執行策略

　　大概就是這些了。集中火力在這五項事情上頭，如果這五件事情都做正確了，將會大幅改善你成功的機率。

　　根據我自身的經驗、以及我從其他人身上學習到的啟示，我在過去二十年來發展了一套創新的技術，而且經過不斷精鍊。這些技術非常管用，我曾經協助建立數家公司，現在這些公司的員工總數加起來已有上千名、同時也創造了數十億元的股東價值。當我回頭要尋找這些成功公司之間的共同點時，我發現上面所提到的創新術就是唯一的結論。也許，你可能可以獲得一次的幸運，但這不可能是我協助創立三家成功公司以及數十種成功產品的唯一原因。

　　我在很久以前就開始走上創新之路。記得我在青少年時期，要幫忙做的家事之一，就是把垃圾拿出去倒。我每天晚上拿垃圾出去，有隻大浣熊會每晚跑到我們家後面，翻開垃圾桶，把垃圾弄得到處都是。當然，我得負責去把這些清乾淨。

　　我試了非常多不同的方法，設法讓垃圾桶不會傾斜，但沒有一樣有效。在經過非常多次的嘗試之後，我做出了一個結論：要不就是把這隻熊殺了，要不就是把牠嚇跑。有機會你一定要瞧瞧這隻浣熊，才會知道問題的嚴重性，密西根的浣熊非常高大，身軀真是龐大的驚人。

　　我愛動物，所以我不考慮殺這世上最大的浣熊；但我之前學到

的一些心得倒是可以試試。

在這之前的幾個月，我無意中在另外一個實驗中發現，如果你把電池跟電視變壓器的輸入端引線相接，將會產生數千伏特的電，會把你電得繞著房間團團轉。

有了這個透過痛苦體驗得來的電子學知識，我製作了一個簡單的陷阱，我還在上面塗了花生醬。這樣做的原因有兩個，第一，花生醬是濕潤的，因此更容易導電；第二點也是同樣重要的一點：浣熊喜歡吃花生醬。（老實說，我認為這隻浣熊應該把我放在外面的所有東西都給吃下去了）當這隻浣熊踏上我做的陷阱，準備舔上面的花生醬時，牠就會碰到跟電池相連的引線，然後就會大受「震撼」。

我當晚就把陷阱佈置好，之後，我們就再也沒有「浣熊危機」了。（在你準備提筆寫信給人道對待動物協會之前，讓我告訴你，浣熊並沒有死掉，牠只是嚇到了。後來我還在離我家好幾條街以外的地方，看到這位仁兄在翻別人家的垃圾，我相信牠找到更合口味的垃圾了）

在大學之後，我還是持續進行創新。就在踏出學校的那年(1983年)，我成立了前述的ICC軟體公司，跟我一起成立這家公司的是比爾・米勒（Bill Miller）以及麥克・席爾（Mike Schier）。在公司設立的前九年，這些年我創造了超過二十種產品並在市場上推出，其中大部份都是沿著終端模擬產品線發展。而ICC在我們的耕耘下，在1992年的營業額已達到3千5百萬元；接著，我們將它賣給數位通訊公司（Digital Communication Associates, DCA），最後我

成為該公司的科技長。

在1995年的一月，DCA 跟 Attachmate 合併。我的新老闆告訴我，創新並不重要，因此我離開這家公司，開始我的網路事業，而在當時這還是一塊不為人熟悉的領域。我當時想要成立一家公司，並且四處收集各種點子。之後我很快遇到了一位二十歲的大學輟學生——克理斯·克勞斯（Chris Klaus），當時他已經開發出一套獨特的安全軟體，可以搜尋偵測出電腦網路的安全問題，並且建議出可能的修改方式。

剛開始我投資了五萬元，在接下來的四到五個月的時間內，撰寫營運計畫書、找人、四處推銷、籌措資金，這一切使用的都是我在本書中所介紹的原則，最後成就了 ISS 公司。今日，ISS 已是一家公開上市公司，員工總數超過一千人，主要協助各大小企業偵測及預防透過網路、系統對企業或個人造成各種威脅。

雖然在 ISS 的這段時間非常得棒，但我實在想要自己從零開始打造一個事業。我深信網際網路將會是我的目標（在下一章當中，我將會說明引導我做出這個結論的思考路徑），因此我跟杜懷特·莫立曼（Dwight Merriman）一起合作，他也跟我一樣，是從ICC到DCA的同事。我們一起想出超過一百個跟網際網路有關的點子。為了要找出可能的營運模式，我們使用了腦力激盪排序術（Brainstorming Prioritization Technique, BPT）我會在下一章詳述這個技術。

當我們在思考可以做什麼時，我們的目標非常簡單：創立一個大型網路公司。在這之前，我們並沒有任何其他的成見。我們的點子五花八門，從設計一個評比其他網站上產品品質的網站，到設立

一個搜尋引擎。我們這段時間所激盪出來的點子之一，就是在網路上傳送相當精準、瞄準目標客戶的廣告，而這就是 DoubleClick 公司的業務基礎，最後我們終於在一九九五年九月成立了這家公司。

　　關於 DoubleClick 的成立，以及我協助建置的其他公司及產品，都是運用了同樣一套通用指導原則。我相信這種對我非常有效的方法，也會對你有效。這絕對可以大幅提升你創出成功事業的機率。

本書不能保證你一定會成功，但能增加你成功的機會。

　　在此，我謹慎地思考如何作個總結。

　　我知道我所倡導的原則將會增加你完成目標的機會，但我並不能保證你一定會成功。當然這沒有人能保證。如同我在本書一開始時所提到的，如果創業成功機率試算後這麼微小，如果你真的考慮了成功創新所需具備的所有元素有這麼五花八門，你一定會很懷疑，為什麼會有人想要嘗試創新。

人們為什麼想要嘗試新玩意兒？

　　如果你只是在尋找一個安全的職業，「在既有組織內創新」或「成立一家新公司」都不會是好的起點。因為失敗的機會太高了。如果你想要證明這有多困難，看看我的例子就夠了。即使我已經

找出方法來增加成功的機會，我還是有好幾次的「失誤」。（「失誤」是用比較客氣的說法，其實我是「將所有的投資都輸光了」）

以下是我幾個失敗的經歷：

- 為專業人士所設計的名錄，類似醫學界的《醫師藥用指南》，結果失敗。
- 大學記筆記服務，在2000年初股市崩盤後，因為籌不到資金而告失敗。
- OpenMind，一個革命性的新型群組軟體產品，推出市場後失敗。
- 我錯過了我發明的遠距區域網路節點（RLN）背後潛藏的大好機會。RLN 能讓個人電腦連接上任何 LAN，並且當作是區域性連結的模式（我們今天對此早已認為是理所當然的），我在 ICC 時，曾和同事創造了一個這類產品，但卻沒有積極追求這一市場，錯過了這個大好機會。

但是，當我想到其他比我優秀的創新份子也都遭遇到一大堆的失敗時，對於自己的失敗才稍微寬心。比方說，愛迪生拒絕在美國為他發明的攝影機登記專利，因為他認為五十元的費用太多了，他只在英國登記專利，想想看他因此損失了多少收入！愛因斯坦從來沒有達到他的統一場論……當然還有很多很多的失敗案例。

如你所見，沒有什麼神奇配方可以保證你每次都成功，即使你遵循我們此處所談的這些構想也一樣。但是，嘿！想想看，即使是世界上最成功的棒球選手，也不過是每三次打擊才有一支安打而已！

　　我很希望自己有能力可以告訴你，成功創新的十個簡單步驟，但這根本不存在，如果你發現有哪本書做出這樣的承諾，千萬別買這本書。成功是一場或然率的遊戲。我提供的方式，是促使你將焦點投注在成功創新所必要的關鍵元素之上，希望藉此能提升你成功的機率。

　　而這也是你必須要做的，試著增加你自己的成功機率，而不是盼望著最好的情況發生。如果能得到好運當然很棒，但要隨機創立一個成功事業的機率，就跟贏得樂透彩金一樣，或者，運用我們前面的比喻，沒有認真準備就想打中藍迪・強森（Randy Johnson）的快速球一樣，這樣的機會是非常渺小。

　　如果你應用了這個系統，就好像是幫助你做了許多打擊練習一樣，你的機率會不斷升高。

　　在接下來的六章當中，我會介紹「無中生有」的所有步驟，同時會讓你看到，這些技術當中有多少可以用來解決各式各樣的企業問題、甚至個人問題，不過這部份不會花太多篇幅。這些方法可以用在任何需要創新解決方案的問題之上，但並不是所有人用了這些原則就一定會成功。不管如何，我都非常希望能聽到你們的成功與失敗經驗，歡迎寫電子郵件告訴我，我的電子郵件：koconnor@kojjee.com

一切都跟時機與方法有關

　　我相信一個人是否能創新成功的關鍵決定因素有以下三個：

1.遺傳（也就是說，你生來就樂於將點子化為行動）

2.時機

3.方法

本書將把焦點放在「時機」與「方法」上，因為我想遺傳基因是沒有任何方法可以改變的。其他兩個要素可以對你產生極大的助力，但它們不可能完全取代人想要創新的內在驅動力。這是我很早之前學到的啟示。

我在十五歲時，夢想著要贏得摔角的奧運金牌。我在高中時拼了命練習，想要成為一位偉大的摔角選手。我練舉重、跑步、長時間鍛鍊。結果呢？我成了一個非常優秀的高中摔角選手，但可沒有奧運金牌在等我。

在此同時，有許多人（你自己最清楚）只花了我一半的努力，但卻在摔角或其他運動上有相當卓越的表現。我沒有成為偉大摔角選手的基因。（這很明顯的是我父母親的錯）

但我認為我是天生的發明家。我記得自己小時候常會把東西拆解開來、也常自己創造一些東西，而且總是不斷找方法把事情做得更快更好。對我來說，發明是一種嗜好，真不敢相信我還可以因此獲得薪水跟報酬。

但是你一定要是天生的發明家、或創業家、或是有效創新的人嗎？我認為不見得。不過，如果你有一些與生俱來的能力，將會提高你成功的機率；我還是要重申：任何人都可以透過方法來提高成功機率的。

至於第二個決定因素「時機」，我堅決相信大趨勢創造大機

會。當我回頭看自己的成功經歷時，我認為它們都圍繞著過去二十年來最大的三個科技趨勢：個人電腦、電腦網路、以及網際網路。（至於要如何偵測出這類大型趨勢，我們會在下一章當中介紹）時機當然是非常重要的。你會希望自己第一個擁有解決問題的最佳方案，如果可能的話。如果你是第一個擁有最佳方案的人，那事情就簡單許多了。我們在本書各章節都會提到如何改善「時機」。

而第三個要素「方法」，正是本書接下來的篇幅所要談的重點。

本書呈現方式

談到創新，許多人以為「想出好點子」是最重要的關鍵，其實並不是。點子當然是重要的，但點子同樣也是廉價的。你必須要先想出一大堆的點子，挑出最適當的一個，然後專心一志，將全副焦點放在這上面。好點子的問題就在於：你可以想出無窮無盡的點子，什麼方向都可能有。你要如何將所有的點子分類、篩選到最後，將焦點放在一個可以提供最佳成功機會的點子上，這是下一章會討論的。

但是，成功創新並不一定要先有一大堆點子、再由其中選擇不可。雖然在每個重要的決策當中，你會希望有許多選項。選項越多，你挑選到最佳方案的機率也就越高，下一章也會針對這一部份詳加介紹。

每個成功的事業都必須要解決問題或是滿足需求。「需求」這個字是非常重要的。不管你是銷售給一般顧客或是企業客戶，他們

都會付錢來滿足他們的「需求」(needs)。他們可能、也可能不會買他們「想要」(want)的東西；因此，在你產品的第一版推出時，你必須要集中於顧客「需求」之上；等到第二、三版時再試著滿足他們「想要」的部份。我們會在第二章當中再詳細說明。

科技，逐漸成為「以最低成本提供最佳產品或服務」的關鍵元素。當你應用最佳科技解決了最大的問題之後，你就會有最高的成功機率。因此，使用科技在適當時機將產品優勢擴大到極限，藉此創造一個能滿足客戶需求的產品，將是你的起點。在確定所要追求的點子之後，你的願景就應該鎖定在你所要做的事情上；更重要的是，堅決避開你「不要」做的事情。

一般來說，你真的需要做的事情大概只有少數幾件，因此若能將資源及時間集中在這少數幾件事上，你的成功機率就會越高。在書中，我會只將文章焦點放在「你需要做的任務」上，例如正確排列點子的優先順序、正確定價、妥善銷售、以及有效促銷。你將會在第四章看到，「營運計畫」正是你的策略以文字方式呈現的文件。

在策略完成之後，你「可以」做的事情有非常多，但有兩件事是你「必須」要做的：決定如何獲取你所需要的資金；以及找到最適當的人才，協助你的創新點子落實成真，這兩項是第五章、第六章的主題。

關於籌措資金，我個人對錢的看法非常簡單：設法籌得你認為需要資金的三倍，並且在你不需要錢時就先開始籌措。當然，說的比做的還容易，我現在坐在這裡，試著要幫助兩家生產消費性產品的公司在可怕的經濟衰退期籌措資金。我們會在後面的章節中談

到，在籌措資金時應該遵循哪些進展，以及如何從自己的資金開始逐步向外籌措資金。

「用人」也是創新份子及所有人都容易把事情弄得過於複雜的領域。此處最主要的關鍵在於雇用聰明的「運動員」。你會在第六章看到，我並不是指你要雇用史丹佛大學足球隊隊長（不過如果可以，我倒是想試著雇用這個人），而是要找到聰明、瞭解自己所需要的以及可以團隊合作，不達成功絕不輕言離開的人。更重要的是，如何找到這些人。

就是這樣了。我想我們所有人都把「經營事業」這事弄得過於複雜。其中的秘密就只是專注在你需要做的事情之上，其他的一概忽略。你會注意到，我談了許多次「需要做的事」，這也可能是本書最重要的核心：要創立一個成功的企業，真正需要做的只有少數幾件事情，因此，請把全部的資源都投注在這些需求之上吧。

現在，讓我們開始談談，如何可以做到上面這一點。

第二章
BPT：腦力激盪排序術

「雖然他的舉止瘋狂荒謬，但其中隱含著不為人知的章法。」

波羅紐斯（Polonius）《哈姆雷特》（Hemlet）

　　創新是商業世界中最不被瞭解的現象。我們都知道，創新對於任何吸引你投入的事業來說，都是一種「秘密醬汁」；但你到底要如何調製這醬汁？

　　這個問題對於當年身處 ICC 的我而言，格外具有重要性。當時我們成功建立了第一個產品 Intercom，主要的作用是讓使用者可以很容易地將個人電腦跟公司主機連結起來。在這個成功的餘波之中，身為創新份子的我，最大的恐懼就是得到作家的「靈感中斷症候群」。我害怕自己沒辦法再想出任何新的點子。而且身為研發部的副總裁，也就是公司負責找出下一個大創意的人，這種靈感中斷症候群就像是被宣告職業發展受到限制一樣。

　　我知道一定有方法可以強迫創新的出現。我之所以如此相信，是因為我身邊見過許多這樣的例子：

◆ 人們以及公司會在絕對必要之時想出許多新點子。「需要為發明之母」是一句老套的說法，但不管在談論戰爭（原子彈）或企業之時都成立。隨便舉個例子。Lotus 公司在清楚認知微軟將會摧毀其旗艦產品──Lotus 123之後，在很快的時間內就開發出 Lotus Notes 系統。

◆ 有些人（如亨利‧福特，愛迪生、比爾‧蓋茲）以及一些公司（如3M、寶僑、思科系統）在創造新點子這件事情上，就是做得比其他公司或其他人還好。

　　這些例子讓我深信，這其中一定可以繪出一個流程，作為遵循守則。這個流程可以讓我在開始創立更多產品與公司時，更有效率地進行創新。我已經知道從哪裡開始了：那就是「需求」。

　　當我檢視我所認定的偉大創新或偉大公司時，他們似乎都是在處理「基本需求」。比方說，當我們常旅行時，我們就會想要有更好的方式來與他人聯繫，因此手機及電子郵件就被發明出來了。當網際網路在每個人的生活中扮演的角色越來越重要時，我們根本沒法在其中理出頭緒，此時，Yahoo! 及 Google 這一類的搜尋引擎於焉誕生。

　　此處的訊息非常清楚：每個偉大產品的核心都是一個「未被滿足的需求」。如果你可以思考出一個解決方案來滿足這個需求，你將會有很大的機會勝出。

　　或許你正想著，上述這個事實真是再明顯不過了，所有的一切當然都是以需求為基礎啊！這就好像告訴你要呼吸一樣多餘。不過，根據我自己的經驗來判斷，不管是在運動、宗教或是商業活動中，我發現這一點卻是很明顯地被大家忽略！

　　在我找到 BPT 這個方法之前，我會坐著等點子從腦海中蹦出來。我常常這樣做。感謝上帝，當時網際網路還不普遍、我的個人電腦裡也沒有打牌的遊戲，不然我一定會浪費很多時間。

　　接下來的問題是：你要如何思考，創立一個新事物需要哪些選

項呢？這正是本章所要談的內容。

歡迎來到BPT

人們（尤其是我的妻子南希）總是告訴我說我有A型人格。這是真的。我不喜歡排隊、我不想要等、我現在就要得到答案。

我最最討厭浪費時間。

對我來說，舉辦策略規劃會議，試著要找出公司應該往哪個方向前進，就是在嘗試創立新產品或服務的過程中最浪費時間的一部份。

在過去的二十年當中，我曾參與過幾十次的策略規劃，這個流程幾乎在每一次的會議中，都以同樣緩慢無趣的方式進行。

一開始，當某個人認為創新是首要之務後，就會雇用一位顧問，並召集主管們離開公司舉辦會議，或是召開一連串的會議，試著要找出一些可行方案。而這個流程是非常非常耗費成本的。不僅讓眾多資深經理人投注大量時間在其中，他們大可把這時間拿來設法提高業績以及公司盈餘，也必須承擔會議本身所帶來的額外成本。我們要付錢支付處於某個「美好」地點（「昂貴」的代名詞）的飯店或會議中心、食物、顧問、以及文件。我曾親身經歷一個案例，帳單總金額高達一百萬美元，而整個流程共花了八個月的時間。

依我看來，這個過程最終最令人沮喪的是：我們浪費了驚人的時間。

因為，通常有95％的策略在第一天就已經完成了。當我們完成最初的會議時，我們已經知道公司需要做什麼了。接下來的時間，

就虛擲在無用的會議上，不斷去確認我們之前所提出來的那些點子，例：市場會有多大？到底是哪些人會買這產品？第一年的市場佔有率如何？第五年呢？如此不斷繼續下去。

你可以想像一下，我在這些後續會議中是多麼地如坐針氈。我不能瞭解，為什麼不直接就去做那些看來大家都知道該做的事情。

我天生是個沒耐心的人，我拼了命要找出一個方法，可以將整個創意與策略發想的流程縮短成一天。我的直覺告訴我，如果你將一群聰明人集合在房間裡，大部份的答案都會出現在這裡面。你只需要：

1. 找到方法——將所有可能的答案引導出來
2. 找出方法——縮小所有可能答案的範圍，到最後只剩下少數幾個最棒的答案
3. 找出方法——建立共識

這個三步驟法則不但讓我省下許多時間，而且每次當我想要創造一些新玩意兒的時候，都可以重複再使用這個流程。這可以有效解除我「作者靈感中斷症候群」的恐慌。

因此，我坐下來試著思考這樣的流程應該是什麼樣子。我並不是憑空創造出這些流程的，我試著綜合所有我曾讀到關於創新的元素，並大量借用廣告公司及顧問公司的手法，以及我過去參與的創新活動中喜歡與不喜歡的種種元素。許多人都會對這個技術非常熟悉，但更重要的是，如何在眾多的創新步驟當中運用此技術。最後，我發展出了這個腦力激盪排序術（Brainstorming Prioritization Technique, BPT）。

這個技術的運用方式是這樣的：

不管你是想要想出一些新點子、或是要改善既有的產品或服務，第一件要做的事情就是：確認你找來「對」的人跟你一起進行腦力激盪。如果你要談論一些特定的領域，例如：如何改善顧客服務，你當然要請客戶服務部門的代表出席。但光請這些人出席也是錯誤的；你應該也要邀請跟顧客服務相關的部門代表出席。此外，你也要邀請一些真正聰明的員工一起參與，以作為上述小組的備援或支援。而這些人必須要在某一領域有真正的創造力天賦。

為什麼要邀請這些額外的成員出席？原因非常簡單。要獲取非傳統思維，最簡單的方式就是邀請那些甚至連「傳統」是什麼都不知道的人。重點是，你要邀請對的人來腦力激盪。

所謂「對的人」，指的是瞭解你想要討論主題的人，以及擁有這些事實、或可能會被你所作決策所影響的人。此外，你也應該邀請真正聰明以及具有創造力的人進來。受邀者最好能符合以上兩種條件的其中一個。

當你在思考誰應該成為 BPT 會議的成員時，別害怕邀請顧客服務的另外一半——也就是顧客、或是你希望他們成為你顧客的人。在DoubleClick，我們常常邀請顧客來參與我們的 BPT 會議。我們會定期舉辦晚餐（不錄音也不做記錄），請客戶提供他們對於以下兩個問題的看法：

・在三到五年的時間內，網際網路會發展成什麼樣子？
・什麼障礙會阻擋我們無法發展成那個樣子？

從這裡，我們可以非常清楚掌握客戶們面臨什麼樣的問題。客戶的問題就代表了我們的機會。我們有許多產品都是直接由這樣的

會議中發展出來的。舉例來說，客戶告訴我們，他們期望能在網際網路上作更多更多的生意，他們希望有個好方法，可以在網站上追蹤所有的活動，例如誰來造訪、購買了哪些東西、多久會重新造訪網站。我們依此需求設計產品，讓他們知道各項作業進展的情形。

BPT的執行

一旦選擇了對的人後，必須遵循一個相當直接的流程，這基本上在每個情況下都適用。不管你是想要建立一個新公司或改善一個既有的點子，作法都一樣，在BPT的使用上並不會有所不同。

現在讓我來介紹這整個流程。

你需要的物品：

①白板、麥克筆、紙、筆、一個舒適的房間。

②三到十位的與會成員。

③一位領導者。

④還有，別帶手機進來。

這個流程的第一部份不需多說，但我們花點時間說明與會成員的規模，以及誰應該成為這個會議的領導者。

既然你希望盡可能產生最多的點子，你應該不會希望只有自己獨自走過這整個流程。但別邀請太多人進來參加。如果與會者超過十位，整個流程就會變得過於龐大，而且難以管理。此外還會有一個問題：有些人在大團體中會不好意思開口。如果你發現自己找了超過十個以上的人，將這些人分為兩組，同步進行這一流程。

　　誰該領導這些小組呢？我喜歡找一些可以確定每個人都在狀況內，並且能掌握會議進展情形的人。他們在公司的位階並不重要，但他們必須要有自信能站在比他資深的會議成員之前。

　　讓執行長或房間裡職位最高的人來領導討論的進行，也無可厚非。但如果那個人就是你，請記住，你在那個場合之中所扮演的角色，只是個引導者，你想要聽到每個人想說的話，從每個人身上激發出最多的點子。你可以在腦力激盪的過程中加入你自己的想法，但你不要有意或無意阻斷了其他人源源不絕貢獻點子的機會。要小心自己插嘴時的發言，並且不斷聲明你在那裡的目的只是要幫助確認整個會議進行順暢，同時也是另一個參與者而已，而不是扮演某個知道正確答案的角色。

　　好，在作了這些例行說明之後，現在該談談流程本身了。你需要做的第一件事就是定義問題。你可以直接問：「企業以及消費者需要什麼？」也可以更具體地縮小範圍。比方說，你可以將焦點放在「消費者網路購物」這件事情上。如果你這樣做，你的措辭可能會變成以下這樣：「當消費者上網購買產品時，他們需要什麼？」

　　問題最好能簡單陳述，但問句當中也要包含實際問題。注意，不要太過簡化。如果你過度定義這個問題，最後可能會將焦點放在「症狀」之上、而非真正的問題。我們先回頭看一下之前提到的客戶服務案例，讓各位更清楚瞭解我的意思。

　　你的公司可能在顧客支援上發生一些問題。假設是客戶來電數大的驚人。你可以假設此處的問題是「沒有足夠的電話線」，或是「沒有足夠人力來接聽電話」。如果你將焦點放在電話系統上，你會錯失修復實際問題的機會，而這真正的問題是：「我們為什麼會

有這麼多電話？」

　　有些人以為，進行BPT流程的唯一目標，就是要創造出一個可以改變世界的點子。其實並不需要。並不是每個人都想要改變（或統治）整個世界。有一大堆人在BPT開始之前就會先凍結，他們拼命希望確定自己想到每一個可能的點子。他們擔心如何能收集到所有的選項，也在過程中持續暗自猜測「如果這個發生怎麼辦？」「如果那個發生怎麼辦？」「如果⋯⋯怎麼辦？」

　　他們的疑慮是可以理解的，而這也是我每次在執行BPT時所要對抗的。但重點在於：透過BPT，你會收集到許多的選項；你擁有越多選項，找到最佳方案的機會就越高。擔心自己是否能收集到每一個選項徒然是浪費時間。我的摔角教練常會用以下的回答來對付「如果⋯⋯怎麼辦」的問題：「你在過學校外街道時很可能會被車撞倒，難道這代表你永遠不要穿過那條街嗎？」

　　因此，BPT流程的目的並不是要創造出確定性，而是要創造出最多的可能性，盡可能找出最多的好點子，藉此提升成功的機率。BPT也像是一個大腦練習，人的大腦是一個驚人的運算器，如果多加運動練習，「它」將會自動調適並成長，就像肌肉一樣。所以你越常做BPT練習，你將會變得越來越有創意。

　　　當你面對創新、面對未來之時，絕對不可能有什麼事是「確定」的。你永遠不可能追求到「確定」；不過，你倒是可以增加自己做「對」的機會，而這正是腦力激盪排序術（BPT）的目標。

　　BPT 可以用來解決幾乎任何一種問題。假設你的家庭成員不知道假期要做什麼，你可以引導大家腦力激盪，思考當你離開家時想要做些什麼活動（滑雪、坐海灘、吃吃喝喝、睡大頭覺、航海等等），接著將這個清單縮小範圍到對全體最重要的那些活動，這可以讓家人建立起共識。

　　人們常會問我：「創立一個成功公司的秘密是什麼？」我知道根本沒有什麼秘密，事實上，這些被稱為「秘密」的其實都是再明顯不過的。唯一的「秘密」是找出在建立一個成功公司或產品之時，哪些事情是你「需要」做好的。

　　我在卸任 DoubleClick 公司的執行長時，就是使用 BPT 來思考自己到底想要完成什麼事情。現在我也用這個方法來寫這本書，以下我簡單說明：

　　某天我坐下來使用BPT來建立本書的大綱。思索所有在建立公司或產品的過程中，可以做的事情有哪些。接著縮小範圍，到少數幾件「需要」做好才能建立公司或產品的事情。這些需求當中的每一項（點子、科技或趨勢、策略、資金、人才）就成了各章主題的基礎。

　　我不打算花太多時間說明BPT在工作以外的應用，畢竟這是一本商業書籍。但我希望能清楚表達，BPT的確可以是用在非商業範圍的。

　　例如在一個針對某產品評估進行的會議中，一開始可以花十到二十分鐘作腦力激盪，思考這個問題的所有可能答案。在腦力激盪時任何人是禁止討論的，所有的點子都必須用三到五個字來表達，

主持人此時可以將點子列在白板上。當點子收集得差不多時，試著重新改變措辭，再把問題說一遍（或許用負面詞句表達），重新啟動整個腦力激盪的流程。比方說，如果你用此問句開始整個流程：「人們想要買什麼？」當點子開始枯竭時，你可以換句問句：「人們不會想在網路上買什麼東西？」這可以激發出全新的思考。

　　請記住：在腦力激盪的過程中，不要針對這些點子進行討論，接下來會有足夠的時間討論。不要因為討論而中斷了腦力激盪的流程、或是偏離到一些不相關的主題上。腦力激盪的關鍵是讓一個點子激盪出下一個點子、然後再下一個。當點子順暢流動時，人們比較可能丟出一些「愚蠢」的建議，而你會發現有時候這些「蠢建議」並不那麼蠢，而是深具革命性。而「不討論」的原則也會將強烈個人特質的影響降到最低。

　　當大家漸漸沒有新想法時（這可能在二十分鐘之內就會發生，不過時間長短並沒有定數），給大家機會澄清他們剛剛提出的建議或點子（如果這樣的過程又激發出幾個新的點子，那就太棒了），這個釐清時間也可以提供人們機會，微妙地推銷自己的點子有多棒。

　　一旦每個人都清楚這些點子所代表的意義之後，會議主持人應該要把每個點子編上編號；此時全體成員應順便將類似的點子整合在一起。有些會有重複，但試著簡化這張點子清單。

　　腦力激盪會議沒有典型的模式。依據我的經驗，你最後可能得到二十個到一百個不等的點子。為了方便討論，此處假設你在經過整理、刪除重複的點子之後，最後得到三十六個不同的點子。

在這三十六個點子當中，你要怎麼找出那個最棒的第一名？你需要方法來分類篩選。

作法如下：將所有不同的點子除以三（此處即為36÷3），以上述舉例來說，我們會得到十二。這就是每個人可以投票的票數，也就是點子總數的三分之一。

之前每個點子已經編好號，現在大家可以寫下他想要投票的點子號碼。

投票流程中請注意以下三件事：

1. 只能對一個點子投一票。即使你堅信其中一個點子是超完美的，你也只能將十二票當中的一票投給它。

2. 不許有技術性跑票。假設你知道某個你喜歡的點子將會勝出，你還是得投票給它，不能將這票省下來投給其他點子。

3. 你不一定要投出所有的票。你只需要投給你認為有發展潛力的那幾個即可。如果你只喜歡其中的七個點子，那麼就算你有十二票，也只需投出七票。投票數有上限（以本例來說，上限是十二票），但沒有最低限制。

給人們幾分鐘來決定他們想要投票給哪些點子。他們只需在手邊的紙上寫下想要投的點子編號，接著主持人會逐一唸出點子清單的編號，一個號碼念一次。當唱到人們想投的點子時，要投這個點子的人就請舉手。將投票數列在每個點子編號旁邊。在每個人都投完票之後，將分數加總。

假設你在房間裡有十個人，要針對十八個點子投票，最後得票情形可能會像這樣：

點子編號	得票數
1	3
2	13
3	12
4	2
5	17
6	2
7	12
8	1
9	3
10	2
11	16
12	3
13	4
14	18
15	3
16	4
17	2
18	3

　　當投票數加總之後，找出合理的切割點，看看哪些點子獲得最大多數的票。以我們的例子來看，編號第2、3、5、7、11、以及14的點子明顯勝出，這就是你要保留下來的，因此尋找合理的切割點，以找出剛好的點子數量。

　　在非常少數的案例中，你可能沒辦法得到明顯的共識。投票數有可能平均分散在各個點子上。如果是這樣，問題可能出在你一開始問問題的方式，或者是人們不清楚知道他們到底要做什麼。如果你遇到類似這樣的情況，請將獲得一票以上的點子重新編號，並且花更多的時間來討論每一個點子的意義；接著再投一次票。最後，你需要讓大家凝聚共識在三到六個點子上。

　　一旦完成這個流程之後，你將會找出最棒的點子，其他的就全部丟在旁邊，不須處理。

　　最後這一點非常重要：當你找出票數最高的前幾名之後，就不要再回頭。當投票結束之後，人們就沒有機會再為他們喜歡但沒有勝出的點子遊說了。那些點子已經成為歷史，至少當時是如此。

　　BPT 是一個重複進行的流程，因此你在研究某個點子時，可能會針對同一個問題進行腦力激盪許多次。舊點子一定還有機會在稍後的腦力激盪會議中重新浮出檯面；當它出現第二次、第三次之時，很有可能可以獲得足夠的票數，而成為被考慮的點子。有時候，一些舊點子在某天看來並不怎麼樣；但隨著市場變化，說不定在後來成了很棒的想法也不一定。但這並不會常常發生。

　　但有種情況常常發生：在BPT會議結束後的一個小時、一天或一個月之後，某個新點子突然蹦到你的腦袋裡。這不是一個問題，這是絕佳的機會。在下一次重複進行BPT時，將這些點子含括進來，看看它們是否能獲得多數投票者的支持。

　　在下一章當中，你將會看到這些流程將帶領著我們創造出DoubleClick公司。我們遵循的，就是跟此處介紹一模一樣的路徑。

BPT的優點

　　BPT的設計是這樣的：請大家把所有可能的點子放到桌面上，並且快速建立共識，選出最被看好的點子。（你的研究將會決定出哪一個是最棒的，我們稍後會討論到這部份）

　　BPT能有效減少各種組織都可能發生的普遍問題：人們會利用

與資深管理者之間的特殊管道，設法讓自己的點子受到採納。

　　你會發現以下這種狀況：喬想出了一個點子，並且透過其人格特質或利用關係去說服老闆他的點子最棒。這極有可能是真的。但其他人會對這個點子沒有歸屬感，其中少數人甚至可能會不喜歡喬，因此根本沒有動力去把他想出來的點子落實成真。

　　現在，你應該已經找出一個可供追求的目標。此時，沒有人會記得這個得到最多票數的點子是誰想出來的，此舉能避免在BPT的流程中產生個性衝突，同時也有利於建立團隊共識。

　　BPT 可以消除這種問題。如果喬的點子沒有獲得足夠的投票數──請記住，在所有點子都搬上檯面之後，大家可以針對自己提出的點子再作說明；此時喬有機會再次強力促銷他的提議，如果他的點子沒有什麼了不起的地方，在 BPT 的過程中就會明顯顯現出來。

　　BPT 的結果需要馬上下令執行嗎？當然不必。

　　我最喜歡這項技術的地方就是：你可以很快得到一大堆各式各樣的選項，並且強迫人們去排出優先順序，從而建立共識。（如果人們不能接受獲得最多票的那個點子，如果他們反對得夠強烈，可以自由離開 BPT 小組、甚至離開這個組織。我們會在第六章討論到，你要如何發掘並留住最棒的員工。正如第六章的主題，人們要為某個組織工作，首先必須要相信組織在做的事情。最棒的組織會持續不懈地將焦點放在能讓它們成功的關鍵因素之上）

　　而且沒有一個個人或組織可以做好五十件事，也沒有一個人或組織可以有效研究五十個可能的專案。但你可以密切檢視三到六個，也就是獲得最多投票的三到六個點子。

　　這並不是說你可以「發展」這三到六個點子，而是你可以「研究」這麼多個。在研究之後，你可能會發現其中有兩三個很棒的點子值得發展，這有時候不見得是好事，尤其如果你剛開始成立一家新公司，此時通常只能追求一個目標。但是你必須要聚焦，你必須要找出看來最棒的那一個點子，把其他點子通通丟在後面。

　　如前所述，廣告公司、顧問以及其他創業產業也運用類似的技術，持續不停地研究下一個創意。因此這方法並不是我發明的，我只是稍微調整了這些傳統方法，並且將其運用在創造事業點子以及策略的過程中，藉此作為促使創意產生的一種手段。

　　讓我用一個非常簡單的現實生活例子，來解釋BPT在一個既有組織中是如何運作。

　　多年前，DoubleClick 以非常驚人的速度成長。當時每天約有一百萬人次瀏覽網際網路的人數，而廣告主想要接觸到這所有的人。

　　而我們公司主要在協助這些行銷人員，在網路上瞄準目標客戶、提供精準訊息。身為這一領域的領導品牌，我們是所有廣告主求助的合理地方，但我們成長的速度之快，讓我們非常努力才發現到公司內真正的問題。

　　這對我來說尤其困難。很少人會想去跟執行長說公司做錯了，也很少執行長喜歡聽到這句話。為了協助我自己找出真實的情況，我們開始了一個每月一次的午餐會，邀請組織裡十五位員工參加。我告訴所有與會成員，這些午餐的目的是要找出方法，提升員工士

氣與生產力。就這樣。沒有其他隱藏的議題，沒有其他不相關的議題。在這些會議當中，我們完全不管公司外的事情，所有的焦點都嚴格集中在公司內部。

為了確定我收集到所有的想法，我運用了前述的BPT流程。一開始，我先在白板上寫下這句話：「我們可以如何改善DoubleClick？」

這個問題得到幾十個回應，從「我們需要花更多時間在新進員工的訓練，如此他們才能更快上手」到「我們需要對費用有更好的控制，如此我們才能提高獲利。」

當意見流逐漸終止時，我會再以不同的方式丟出同一個問題，看能不能再引出額外的點子。比方說，我會再問下面的問題：

◆ 如果我離開這個房間後就被卡車撞了（這在紐約極有可能發生），而董事會任命你為下一屆的執行長，為了改善這裡的狀況，你會做的第一件事是什麼？

◆ 你工作有哪一個部份是很糟的？你手邊有哪個必須要做的流程，是你認為對任何人、任何事都沒有附加價值的？

在第一次做這樣的練習時，我得到了超過一百個改善組織的點子。白板上根本寫不下。在我把這些點子通通寫下來之後，我瞪著這張清單，覺得非常沮喪。

在經過腦力激盪之後，小組進行投票，找出最重要的前三到六項議題。在不記名投票之後，我們決定先將焦點放在增加訓練、削減費用、改善顧客支援、以及更好的溝通這幾件事情上。這是投票數最多的四個主題。接著我去找能夠執行上述主題的負責人，跟他

們討論如何將這些點子落實執行。

　　經過一段時間後，我們每次舉行BPT會議時，大家提出來的點子減少到二十個左右，足以證明這個系統真的有效。

　　我們許多主要的內部計畫都直接從這些午餐會議當中衍生而來。舉例來說，有人建議我們將員工費用做更好的控制，這個建議非常令人驚訝，因為大部份的員工都希望對這項費用的控制越少越好，對此，我們建立並執行了一個差旅政策。我們開啟了一個內部網路，讓內部可以有更好的溝通；同時也開發了一個業務管理系統，以提供更好的服務給我們的客戶。毫無疑問的，BPT大幅改善了我們公司，並且讓創新及改善行動能更快發生。

BPT查核清單

1. 邀請「對」的人來參加。
2. 仔細定義問題。
3. 花至少二十分鐘進行腦力激盪，而非討論問題。
4. 解釋並討論各種點子，直到每個人都清楚每個點子的內容。
5. 整合相似的點子。
6. 將各個點子編號。
7. 將點子總計數目除以三，這就是每個人可以投票的票數。
8. 每個人對一個點子只能投一票。
9. 圈選出前三到六個點子，其他的點子就請丟在一邊，開始研究這三到六個點子。

第三章
你的顧客是誰？

The Map of Innovation :
Creating Something Out of Nothing

「你不可能總是得到你想要的，但如果你有時候作些嘗試，可能就會發現，你已經得到你需要的了。」

——滾石

我們把商業弄得太複雜了。我舉個例子給各位看看。最近我受邀參加一場有多位主講人的研討會。有一位主講人開始了一段冗長的描述，說明亞里斯多德對他的企業有什麼樣的影響。我打斷了他演講，問道：「請問你說的是希臘原文裡的亞里斯多德，還是翻譯版本裡面的亞里斯多德？」

觀眾都笑了。我無意讓這位先生難堪，但亞里斯多德？扯太遠了吧？

他跟我們大家都一樣，把「經營事業」這件事弄得太複雜了。

所有的事業，不管你身處在哪一種產業當中，簡單來說都是要回答以下三個問題：

- 你的顧客是誰？
- 他們的需求是什麼？
- 你可以如何用最有效率的方法來解決這些需求？

本章就在談以上三個問題的解答。

我的基本理論是：如果你可以運用最棒的科技來解決一個基本需求，那麼這將是解決此需求最有效率的方法。

本章內容介紹

你必須要回答的這三個問題其實非常簡單而直接；而解決這三個問題的流程也一樣。

- 使用 BPT 來找出一大堆消費者或企業的需求，再篩選剩下少數幾個。
- 使用 BPT 來找出你可能使用的所有科技，再篩選剩下少數幾個。
- 使用 BPT 來應用上述少數科技以滿足少數幾個需求，之後解決方案會自動蹦出。

在本章內容當中，我將會說明，如何建立一個「顧客需求」與「既有/新興科技」的配對表。

事先提醒

在正式開始之前，讓我先對科技的部份作一界定。我非常相信，科技將會在未來大部份的未來公司以及點子當中，扮演一個非常關鍵的角色。科技可以為各式各樣不同的產品提供最快、最棒、以及成本最低的解決方案，但這並不見得是適用在所有的公司之內。

如果你發現自己在追尋的點子，並不太需要靠科技來滿足顧客的需求，那麼就請忽略以下關於科技的討論。

依你的情況中，你可能要用「趨勢」來取代「科技」。問問你

自己，哪些趨勢是你可以應用來滿足需求的，例如人口變項（越受矚目的X世代）？社會現象（人們越早退休）？還是經濟現象（有越來越多的企業採用外包作業模式）？

　　然而，如果科技可以扮演一個重要的角色而你卻忽略了它，那麼就要當心了。以科技為基礎的公司會取代你，因為科技比人要有效率多了。

　　我們將科技放在本章第二部份來討論是有原因的。不管你是要運用需求到科技上、或是應用科技到需求上，上述的流程都可以成立；但你如果從需求開始下手，你可能會得到比較廣一點的潛在商品或服務。首先，先問問消費者或企業想要什麼。

　　所以，我們先在本章的第一部份討論「需求」，接著再進一步探討能滿足需求的「科技」。同時也請記得，在非常少數的情況中，科技可能不是非常重要，此時請使用「趨勢」替代「科技」來思考。

第一部份：需求

　　除了傳統的消費者之外，你的客戶也可能是企業、非營利組織、或政府機關。但不管客戶是誰，如果你沒有滿足他們的需求，就不可能創立一個成功的公司。

　　那麼，你如何知道顧客需要什麼呢？這答案全都視你想要嘗試做什麼，以及你在創新流程當中的位置。如果你是在一個既有公司內部，你可能已經知道既有客戶的需求是什麼。跟你有業務往來的人可能曾經告訴你，或者是當你跟客戶聊天時，某個機會會逐漸浮

現出來。

　　如果你要從頭開始建立新公司，如同我們從零開始創立DoubleClick 這樣的過程，那麼你可能不清楚客戶的需求是什麼。你就得必須要設法找出來，盡可能發想出最多的點子，越多越好。此時，BPT 技術就可以派上用場了。

　　一旦產生了所有可能的點子、並且縮小範圍到可管理的數目之時，你要問問客戶，他們是否願意付錢買上述點子。如果他們願意，那麼這個需求就存在。

　　但我們對上述情況都有這個假設：你對於「你認為可能有某種客戶需求」的領域有某種程度的知識。當然你不需要有很多知識，當我們開始 DoubleClick 時，我們並不會比一般典型的生意人還要瞭解廣告這回事。但你一定不會想要完全從零開始，而且你沒有那種時間。如果要花上幾年的時間學習基本知識，那麼就別考慮這個事業了。因為當你花那些時間學習時，其他人早就先進入市場、回頭反咬你一口了。

　　我最近協助的一家公司就這麼做了：它決定放棄追求一個我認為會是大生意的一項事業。

　　這個事業的想法是這樣的：現在有許多企業在網際網路上創業，而多數的生意都跟合約有關，因此我們討論的是一個跟「數位簽名」有關的事業，也就是在網際網路上以電子形式簽名。當我們的電子化生意越來越多時，這終將成為一個大生意。但是，這不會成為我們要追求的目標。

　　我們考慮後決定放棄這個大事業的理由有兩個。第一，這個市場的發展不會很快，雖然以電子化方式簽訂合約或文件是必然的

趨勢，但這不太可能在一夕之間發生。因為現今留下「沾著墨水的筆」所寫下的簽名，這個概念太根深蒂固，因此電子化簽名勢必要一些時間才能慢慢被接受，這不但牽涉到基本習慣的改變，還包括州或聯邦的法律規定。

第二個放棄的理由則非常基本：我們沒有專業技術背景。我們對於數位簽名以及所需的法律改變所知不多，而學習如何做到這些要花費太長的時間。當我們在學習時，一定會有其他人趁虛而入，可能已經有幾十個專業公司在研究這個點子、並列為追求的目標了。因此，基於以上兩個理由，我們決定放棄這個點子。

許多世界上最偉大的創新都來自於既有市場以外的人。雷神公司（Raytheon）的物理學家伯希‧史賓賽（Percy LeBaron Spencer）在他的一個研究專案中，意外發現他口袋裡的甜甜棒被微波融化，因而發明了微波爐。

我要強調的重點是：如果你對於想進入的領域有些知識或經驗，將會大有幫助。雖然在我們開始DoubleClick這家公司時，對於媒體整體或廣告產業的知識並不多，但我們對於這家公司所需的技術部份，則是瞭若指掌（網際網路、瀏覽器、資料庫、商業軟體），我們有這一方面的背景。事實上，我們對於廣告業所知不多反而成了我們的優勢（這一點在工作經歷上可能不見得好，但對一個新創公司則是非常理想），我們能夠跳出既有的思考模式，是因

為我們根本不知道「既有」的模式是什麼。不過，跳出思考模式還是必須要有一些合理的限制。

　　舉例來說，對我們而言，要我們想出某個跟基因治療（或甚至是數位簽名）這一類先進科技有關的東西，一點意義也沒有。我們可能要花上好幾年的時間，才有辦法取得必要的基礎知識。

　　當我告訴潛在創新份子，他們必須要對想解決需求的市場有些基本瞭解，他們會點點頭表示認同：「這是當然的。」但很多人又做得太過頭了。例如，如果他們的背景是在商用房地產，他們會把焦點集中在這個狹窄的範圍內思考可能的選擇，這可能不是最好的方法。因為一個商用房地產專家，他所擁有的知識一定不只這些。

　　房地產專家也跟我們所有人一樣，會在其工作上使用某種工具。他可能會帶著其中一個工具——例如多重清單服務（mutiple listing service,MLS），將某個特定區域待售的房屋通通列出來，而不只是列在他所服務的單點區域的房屋而已。然後，看看這是否可以應用到什麼地方去。或許 MLS 方法可以用來賣車子或船也不一定。

　　房地產專家也跟我們一樣是消費者，他可以隨時假設自己是顧客，然後將問題提給自己。我們也會在日常生活中列出一大堆，所會遇到並希望改善的清單，例如，在購物時讓你覺得過於麻煩的事情。這些也可以運用在你的事業上。你在企業內工作，你所會面臨到的問題如何處理費用報告、跟業務部門互動、跟顧客見面等種種事項。你知道在工作上怎麼做才會有效、怎樣做是無效的，如此你可以看出哪些需求是未被滿足的。

在DoubleClick的案例中，即使我們不知道廣告產業的運作，但我們的日常生活中一天到晚暴露在廣告之下，我們知道，廣告主希望廣告不但被牢記、而且還要有效，而我們有個服務可以協助他們達成這一點，如此將能滿足廣告主的其中一項基本需求。

當你將專業應用到一個不同但相關的領域時，創意通常就在此產生。

因此，別把自己侷限在你已花費多數專業生涯投入的領域，要更廣泛地去思考。舉例來說，將你工作以外所做的事情含括進來。如果你喜歡戶外活動，而且對露營、自行車、泛舟有些瞭解，別害怕把眼光放到這些領域來。我最近去射魚，結果一場挫敗，因為我根本沒辦法快速負荷那隻「史前時代」的魚槍（現在則是最新流行），瞄準射入那群在水裡笑我的黃尾魚。因此我開始思考是否可以投資在快速魚槍這個市場。

但是，用自己的想法來判斷市場總是危險的。

追求你自己非常有熱情的機會，就好像一個「好消息與壞消息」的雙面玩笑。先讓我們談談好消息的這一部份，為什麼這是一個絕佳的點子。

如果你真的喜歡這個領域——戶外活動、商用房地產、車庫拍賣或其他任何事，這是一個最大的加分。你越是喜愛自己的點子，你就越相信它；你也會越有熱情。我認為，能追求一個自己非常喜歡、且具有高度熱情的點子，終究會比追求「最好」的點子還要好。

不管是成立一家新創公司、或是在既有公司內創新，你所需要

投注的心力不只是「認真努力」就夠了，而是「全心」投入，沒有任何猜疑。就如同尤達（Yoda）在《星際大戰－帝國大反擊》（The Empire Strikes Back）所說的：「只有做或不做，沒有試試看。」

你必須要相信。恕我冒昧直言，你的事業不成功的機會很大，因此，「結果差勁但快樂」（至少你盡最大努力試過了）總比「結果差勁且難過」（因為失敗的這個事業是你一開始就不怎麼熱愛的）還要好吧?!

舉例來說，當杜懷特跟我在思考要創立什麼樣的網路公司時，我們做了一個結論：成人娛樂市場將會非常驚人。我們的看法是對的，但這個點子並不是我們非常有熱情的一個，因為這不是那種會讓爸爸媽媽引以為傲的事業，更別說要他們拿出支票本來，而爸媽正是我們創業的潛在金主，因此我們決定放棄這個點子，即使我們知道這將會是個很大的市場。

因此你必須要對你的點子投入承諾。

現在，說說壞消息吧。你對某件事有滿腔熱情，並不代表其他人有跟你一樣的熱情。因此，欺騙自己說自己是典型的消費者，這一點非常危險。或許你真的跟其他人一樣，但請別落入這個思考模式當中。光憑這樣的前提來創立一家公司是危險的。如果你大部份的潛在客戶都住在內布拉斯加州，那麼根本不需要設計一個更好的地鐵系統；而改善擠奶機器在曼哈頓可能也不太能引起共鳴。（我想快速裝卸的魚槍市場可能也很小，這也是我不會踏入這個市場的原因）

不過，不要對每天突然撞擊你日常生活的點子關上大門，每一個點子都很可能化身為億萬生意呢！解決某個需求的方案可能來自

四面八方。

　　讓我提供一個例子給你參考。我常租一大堆的電影。我也就跟其他人一樣，最痛恨在看完電影後還要去歸還錄影帶。事實上，整個租片事業提供的解決方案對於消費者需求的回應非常差勁，租片公司如百視達（Blockbuster）要你走到店裡去挑選你要的片子，然後又要你回到他們店裡歸還片子。

　　身為消費者，你不會希望歸還這片子。（你已經看完了，這件事應該結束了！）但這正是這個產業營利的模式。當然，他們希望你在還片時，能再租另外一些片子，但他們真正希望的，是你不要準時歸還影帶。

　　原因如下。大部份的人都會在週末租片（週五、週六、週日），這代表週一到週四店裡架上會有大量的存貨。如果你在週末租了一個影帶或 DVD、結果到週二或週三才記得拿去還，這對出租業者是淨利！你延遲歸還的那幾天將會為他們產生收入，而不需將這些影帶放在架上無人問津。

　　我深信這種經濟模式也是錄影帶店提供平日半價折扣的原因。他們知道你會太過忙碌而無法在平日準時歸還。（這提醒了我，我現在手上還有三片到期的 DVD 還沒歸還！）

　　這整個產業都是建立在「消費者犯錯」的基礎上。這是一個有缺陷的模式。就好像汽車業是以「車壞了所以汽車公司可以跟你收取修車費」為基礎一樣荒謬。Net-Flix在「降低延遲還片的費用」上作得很棒，但對於 DVD 的租與還還是非常不方便。

　　由於個人親身體驗到租片產業核心的缺陷商業模式，使我對此產生濃厚興趣，最終促使我投資並協助一家叫做Flexplay科技公司

的成立。

這家公司發展了一個真的非常棒的點子。他們發明了一種技術，讓DVD在你第一次播放的四十八小時內（或設定的時間內）自動銷毀。不，這不像《不可能的任務》（Mission Impossible）的情節，錄影帶不會那樣爆炸。此處運用的是一個化學流程，讓影帶在接觸空氣後的某個設定時間內變成藍色，因而讓DVD播放器無法讀取，這項技術讓錄影帶出租店成了單向生意。你到店裡去「租」一片 DVD，看完之後永遠不用煩惱還要找時間拿去還，而且這可以跟家裡其他塑膠垃圾一起回收。我認為這事業大有可為。

現在，讓我們停在這裡一分鐘。記得我說「把自己假定成市場的多數聲音」有多危險嗎？在本章稍後，我會警告你，在跳入任何一項新科技之前，請思考久一點，因為大部份的技術都不會蔚為風潮。

你或許會問，我決定投資於拋棄式 DVD 的技術，是不是為我剛剛的兩個警告（不要太快跳入新科技、不要假設自己代表市場的多數意見）做出最佳例證？會提出這個問題非常公平。我要如何知道我所選擇的，不是「曼哈頓的擠奶器」？

每個人都有 DVD 播放器嗎？答案是：沒有。

但你必須要觀察科技的趨勢，看著這些趨勢指向何處。

我很早就買了我的 DVD 播放器，而 DVD 絕對會為租片產業的標準規格。

你直覺知道一個更好的擠奶器可能不會有多大的市場；但能妥善處理錄影帶出租流程的系統呢？這又是另外一回事。當我這樣做的時候，我的研究讓我相信這個點子絕對有賣點。因為這滿足了人

的基本需求，延遲歸還錄影帶、並且為此付出罰金，這件事相當痛苦。而且環顧市場，似乎沒有其他競爭的技術能解決這個問題。

在繼續往前進之前，先讓我再強調一點。有很多人認為在創新流程中，最重要的部份是把點子想出來。事實上，他們會壓低聲調說出「點子」這個字，好像你只需要想出點子來，然後所有的問題都會解決了。但這種看法是完全錯誤的。

點子是廉價的。你可以在幾分鐘之內就想出幾十個點子。我有時純粹為了好玩，會自己設定某個特定類別，然後思考相關的點子。然後，我會試著去發明一個新的運動或新玩具。這是一種練習，幫助腦內掌管「點子」的「肌肉」更強壯。

因此，你可以很快想出點子；事實上，要想出很多好點子是很簡單的。不過不要在你發現顧客需求之後，就將焦點放在第一個想出來的點子上。這就好像要買一棟新房子或找新工作一樣。你第一個看的房子或許很完美，第一個給你錄用通知的公司可能很理想；但如果沒有跟其他的比較，你怎麼會真正知道它們有多完美或多理想呢？如果你考慮了四到五個，你可能會做出更好的決定。對於點子來說，也是一樣。

永遠都要有多重選項可供選擇。當你的選項越多，成功的機率就會增加。這就是我如此虔誠相信BPT的原因，這技術可以讓你產生一大堆的選項。

　　市場的可能規模很重要嗎？並不盡然。只要你知道它的規模並且接受就可以了。我們開創 DoubleClick 的原因，有一大半是想要追逐這個預期會產生好幾百萬生意的市場。我們的思考模式是這樣的：在我們的工作生涯當中，只有這麼多的時間，而且我們的能力只能讓我們一次掌握一個市場或點子。因此，我們發現，如果我們要從零開始建立一個新事業，最好是一個能真正滿足大需求的解決方案。

　　但這是我們的方法，不見得是你的。你可能會想要追求一個比較小規模的事業，有可能是因為你想出來的點子本身的特質，或是你認為這樣才是正確的。這並沒有正確的答案，你必須要先確定你想滿足的需求規模大小。

區分「需要」與「想要」

　　但你要如何知道什麼是客戶「需要」的、什麼是客戶「想要」的？也就是顧客認為擁有那些東西可能不錯、但不會自動去購買？你要如何分別其中的不同？簡單來說，答案是：你不會百分之百確定答案，這也包括如何分辨「需要」與「想要」二者。

　　這其中有非常多的灰色地帶，尤其當這牽涉到消費者時。在收音機鬧鐘上裝配有貪睡裝置跟鬧鈴，是需要還是想要？乍看之下應該是個選項，但對於很難爬起床的人來說，這就是需要了。雖然這兩者當中的差別並不是非常清楚。

　　但在許多狀況下，你可以辨別出企業的基本需求。他們希望提供員工更好的照明以及更舒服的座椅，這兩件事都是非常好，但這是「想要」，並非「需要」。

　　有時候，「想要」會轉變成為「需要」。人體工學鍵盤就是一個例子。過去這只是「想要」、但現在已經變成「需要」，藉此避免腕隧道症候群或其他重複性壓力損傷等症狀。

　　但你不會想賭在這種可能發生、但不確定發生的事情之上。你在推出某個東西時，你要將焦點放在需求上，尤其是在初創階段。

　　為了判斷你的點子是「需要」還是「想要」，請自問以下幾個問題：

　　・你的點子可以幫助消費者或企業賺錢嗎？
　　・會幫他們省錢嗎？
　　・會讓他們更有效率嗎？
　　・會讓他們更有競爭力嗎？

　　如果以上問題的答案是「否」，那麼你的點子很可能是「想要」而非「需要」。

　　但如果你的點子符合基本需求，而且滿足這需求的技術也已經存在，那麼你所面對的應該是一個大生意。但這裡有一點非常微妙的是：顧客（個人或企業）不知道他們有這個需求。我們知道我們需要在一分鐘之內讓水煮沸、或是從儲藏室拿出袋子的兩分鐘之內就要有爆米花嗎？不，直到微波爐上市之後，我們才知道。

　　在企業世界裡，有任何人知道需要將個人電腦跟主機連在一起嗎？資訊科技部門的主管當然不知道。因此，我們在1983年成立ICC 的前一個夏天，IBM 才剛推出個人電腦。比爾・米勒、麥克・席爾以及我完全相信，個人電腦會對企業營運模式產生革命性的變

化。我們開發的產品可以讓企業用個人電腦取代其既有的 Burroughs
終端機，其中是透過我們稱為 Intercom 的終端機模擬軟體及硬體。
基本上，我們的產品讓個人電腦可以直接跟企業主機相連，這個概
念在今天看來似乎很平常，但當時可被視為是一種巫術呢！

　　在當時當我們推出這個產品時，沒有人打電話來，因此我們
主動打電話給企業。我們打給好幾百家公司，得到的回應都是一樣
的：「個人電腦不准連結到我們的企業內，以後不要再打電話給我
了！」

　　讓我再舉另外一個例子。時間是1994年，當時我在DCA工
作，我的小組正在研究另一個可能會影響非常大的趨勢群組軟體，
這個軟體可以讓位於各地的多位使用者進行團體討論、同時研究同
一份文件，並且可以即時存取組織知識。這聽起來很酷吧？

　　Lotus Notes 就是上述技術的一個例子，這個軟體非常成功，許
多大公司也都試著要投資在群組軟體這個領域中。之後我們推出了
我們的群組軟體產品 OpenMind（我謙虛地堅信這是市面上最好的
一種群組軟體），可惜的是，群組軟體並沒有成為一種趨勢，我們
白白浪費了上百萬的金錢以及好幾年的努力。

　　事實上，我相信 OpenMind 原本可以發生效用的。因為對於組
織而言，知識的需求是永遠存在的，但這問題非常難解決，因為範
圍實在過廣。

　　至今，我仍是認為 OpenMind 是我協助創立的產品中，最有趣
也最具革命性的一個。但在企業裡，最棒的藝術是能賣得出去的
作品。當我們推出 OpenMind 時，我收到一個禮物，是把這項產品

的標誌照片用框漂亮地裱起來。之後我一直將這幅畫放在我的辦公室，藉此提醒我自己，成功與失敗之間的細微界線，以及「需要」與「想要」當中的不同。

發掘「需要」的其他兩個方法

你可以用另外兩個方法來改善你分辨「需要」與「想要」的能力。這兩個動作都需要你跟你的顧客、或你希望成為你顧客的人有深度對話。在與顧客或潛在顧客的對話當中：

1. 仔細架構你問他們「需求」的方式。一定要將你的點子盡可能放在最廣義的內容之中。
2. 仔細傾聽「當然」的答案。

以下我舉一些例子來說明。

假設現在是1960年代早期，你在鄰居家裡看著黑白電視裡播放的《The Red Skelton Show》電視劇。你的鄰居堅持：「彩色電視只是一時流行而已！」如果你問他：「你是否願意付錢觀賞某些電視節目？」你認為他的反應是什麼？

答案一定是：「不！」每個人都知道「電視」的意思就是「免費」。

但假設你用以下的方式問問題：「你願意花錢獲得一些娛樂嗎？」答案就會是：「當然，我們大家都會這麼做，我們會付錢看電影、球賽、音樂會跟看戲。」

如果你想要創立一個訂閱制的電視服務，你的下一個問題就會

是：「如果費用不會太多，你是否願意付錢獲取一種獨特形式的娛樂，透過電視傳送給你呢？」

如果你用這種方式問問題，你可能預測到 HBO、Showtime 的成功，以及美國橄欖球聯盟、大聯盟球季的訂閱模式了。最開始你該問的問題是「你是否願意付錢獲取娛樂？」而不是「你是否願意付錢看電視節目？」

以下我再舉兩個例子，可以證明你在思考潛力事業或消費者需求時，問對問題有多麼重要。

在聯邦快遞（FedEx）發明之前，如果你問人們，他們是否需要讓某個包裹在隔夜就送達對方，他們可能會說這是一個「如果有也不錯」的選項。在這種不太熱切的回應之下，你可能會把這個點子放在「想要」這一類，當然也可能錯失了巨大的商機。

但如果你的問題改成這樣：「快速移動資訊是否能帶來巨大的利益？」幾乎每個人都會回答你：「那是當然的。」

而這個「當然」的答案可以讓你確定，在 BPT 流程中所發展出的點子中，至少有一個是有潛力轉換成為獲利事業的。這並不代表你有一個可以獲得勝利的產品，但這是一個好徵兆，顯示你可能已經走在對的路徑之上。

下一個例子是在1995年初，我們當時正在研究網際網路的點子，最後想出一個「在網路上張貼與搜尋履歷表」的點子。我們去找了好些企業人力資源部的副總裁，告訴他們這個點子。他們的回答都是一致的：「我為什麼需要這樣的東西？我認識的人當中，沒有一個使用網際網路的。」（請注意，這是1995年的事）

最後我終於想通了。我們問的問題應該改成以下這樣：「你是

否願意輕易地搜尋到全世界最棒的可能候選人？」

後來，我有機會投資在當時剛完成的 HotJobs，也就是支援在網路上進行招募工作的網站。我跟這家公司合作得非常棒，該公司也在2001年夏天被雅虎以4.66億美元收購。

該往下一步前進了

假設你已經都通過這個流程，也找出你喜歡、想要滿足的需求了。很好。但你只完成了四分之一。你還需要做以下幾件事：

- 瞭解需求所需要的科技（如果你的點子有很大的科技成分）。
- 根據選定的需求產生出大量的解決方案。
- 評估你的解決方案，看看是否是你所有選擇中最棒的。
- 決定人們會不會願意付錢買它。

讓我們再次以聯邦快遞為例，證明若沒有採取額外的兩個步驟，將可能導致多大的錯誤。

大約在十五年前，以「隔夜送達」而大獲成功的聯邦快遞，他們問企業客戶及消費者以下這個問題：「如果你認為隔夜將文件送達是非常重要的，那麼如果能把速度再加快，在幾個小時之內就送到，不是更好嗎？」

這個問題同樣得到「當然」的答案。因此聯邦快遞推出了Zap Mail，這項服務一般需要你自己攜帶文件到當地的聯邦快遞營業處。在那裡，聯邦快遞的員工會將文件傳真到距離收件人最近的營

業處去，那裡的員工會從那兒送達你指定的地點。

問題是，聯邦快遞並沒有注意到當時的技術發展趨勢。他們沒有預見傳真機的發展（當時傳真機已經發明、但還非常稀少）以及電子郵件（當時根本還沒出現）會讓它們的新服務在很短的時間內就過時了。科技的改變讓 Zap Mail 很快就在市場上消失無蹤。

我要強調的重點是：談到創新時，你需要備齊等式兩邊的要素：一個符合「科技」趨勢走向的「需求」。接著，你可以問顧客，是否願意花錢購買你的解決方案，藉此再次確認你的點子有賣點。所以，你要著手進行的事情一定要有科技成分嗎？這幾乎是確定的。

> 能善用科技的公司將會獲得最後勝利。

正如我們前面所提到的，即使沒有科技，「需求」也可能被滿足。某天你可能會決定要在你的小鎮上開一家書店，唯一的存貨是商業類書籍。這可能是你那一社區居民的基本需求。你可以將科技成分降到最低，但你的成長能力也會受到限制。一個純服務的事業也一樣。你在上述這兩個例子裡，唯一需要的科技就是基本的辦公設備：個人電腦、印表機、傳真機、電話等等。但同樣的，如果你只在科技方面做了這些投資，你的成長能力將會非常有限。

有了這些你認為可以創造出來的產品，你會需要一個具體的科技元素，來讓這些點子盡可能發展出最大效果。

技術將會是未來大部份創新性突破的催化劑，就如過去它所扮演的角色一樣。並不是每件事都需要以科技為基礎，但幾乎每件事都會具備越來越濃的科技成分。

科技所帶來的優勢非常明顯。科技不會組織工會，也不會疲累，更不會提起一大堆瑣碎無聊的訴訟（但會給訴訟律師多幾年的時間來改變這一點），它不會要求加薪、也不會跑去度假或請病假。更重要的是，科技有能力做到人們做不到、或不想做的事情，而且做得很好。

讓我們換另一個角度來思考科技的重要性。你的顧客總是希望更快、更好、更便宜地取得他要的東西或服務，這一定需要科技。你知道我們在五十年前打破了「四分鐘跑完一哩」的紀錄（羅傑‧貝納斯特（Roger Bannister）在1954年打破這項紀錄的）從那時開始，時間沒有再縮短多少。人類沒辦法一直變得更快更聰明，但是科技可以。

如果你沒有科技的背景該怎麼辦？你應該把這本書丟掉嗎？不需要。但你需要找一個在科技方面擁有必要專業知識的夥伴。但這並不代表你沒找到這樣的人就不能開始進行創新大業。如果你沒有技術傾向，你可能可以用最小量的研究來找出許多的科技趨勢，但你絕對需要找一個懂技術的人作為夥伴。你必須要能掌握科技，如果你沒掌握這一部份，就會惹上麻煩，除非，你只想做個小型服務或零售點。大型企業如沃爾瑪連鎖超商，從銷售點終端到存貨配銷的軟硬體，都包含了大量的科技成分。

因此，科技是非常重要的，因此我們將在接下來的第二部份探討科技這一要素。

第二部份：科技的警鈴

「確認科技是你創新行動中重要的一部份」所涉及的問題非常明顯：你或你的夥伴可能會受到現有或新興科技的誘惑，結果朝著死巷前去。

有些人會控訴我，說我對科技總是抱著冷嘲熱諷的態度。我並不是冷嘲熱諷，而是懷疑論者。有時候，我認為科技人員最不該是創立公司的人選。他們是自己的最大敵人。他們總是想要運用最酷的科技，設法用「對」的方法來做事。這代表他們會想要用「理論上」最具效率的方法來完成事情。

但是，「對」的方法通常沒有考慮到人類的行為模式、或是市場運作模式。

以下我舉個例子來說明。

我認識每個科技人都不喜歡美國線上（AOL）。在美國，有超過兩千萬人使用 AOL 的服務，使它成為超級受歡迎的網際網路服務。但科技人員總是嘲笑它，並將其稱為「裝有輔助輪的網際網路」。但如果問這些科技人員，他們會建議自己的母親使用什麼網路服務，答案絕對是 AOL。科技人員不想處理自己媽媽打來詢問關於技術方面的電話，如果她們加入 AOL 以外的其他公司，這是必然會發生的「慘劇」。（我母親也使用美國線上）

我認為，最棒的科技人員通常也是最差勁的一群。他們比其他人都還要瘋狂地跟「對」的科技談戀愛，卻從來不考慮這種科技是否會被廣泛接受。

在 DCA 時，我們的研究小組裡有個傢伙，是我認識的人當中最聰明的一類，而他瘋狂地與「NeXT」電腦以及其作業系統談戀愛（最後被蘋果電腦收購）。他的理由聽起來相當有道理：它具有強大威力、最棒的使用者介面以及作業系統。他討厭微軟，討厭視窗作業系統。他認為 NeXT 是個完美的替代方案。他希望我們能往這個方向前進，並且為這系統設計產品。

我告訴他：「聽好，我們要的不是選擇最棒的科技，而是要追求市場佔有率。我們希望提供一項吸引最多人使用的產品。從現在開始的五年，誰會有最大的市場佔有率？絕對不會是 NeXT、甚至也不是蘋果電腦。這是死路一條。我們需要為視窗作業系統開發產品。」

他不同意我的看法，決定自己為NeXT開發產品。這是個錯誤，NeXT已不復存在，因為根本沒有市場。

你要如何做好防守，以免被看來非常具有吸引力的技術所誘拐，尤其如果你本身沒有科技方面的背景呢？這一點非常困難。人們（尤其是科技人員）會端出像「銥」一樣的產品，讓你可以從地球上任何一點打電話；這產品聽來比其他構想都要棒。以「銥計畫」為例，當你告訴提案者，沒有人會把舊的手機丟掉時，他們的反應會是：「你會因為有了 CD 播放器而把留聲機丟掉，那麼為什麼不會想要換一個更好的電話科技呢？」當然，這個「更好」的電話技術是一個更大且更昂貴的電話。但是，拜託，你現在就可以從世界上任何一個叢林打電話了！

當你面對這樣的爭辯時，你會做什麼回應？

你必須要保持焦點在「市場將會發生的趨勢」之上。

　　整個 Wintel 現象（微軟的視窗作業系統跟英特爾的個人電腦運算器綁在一起）就是一個好例子。在過去二十年來，科技人（如同前述的 NeXT 狂熱份子）都非常討厭 Wintel，但消費者就是喜歡。消費者愛極了 Wintel。現在，當消費者停止愛微軟或英特爾時，這將會是另一個電腦作業系統的巨大機會。但在那發生之前，誰在乎究竟是哪個作業系統比較好呢？這一點都不相關。

　　在我們抱持的論點之下，你必須讓你的創新事業善用一個既有科技、或是一個你確定會成為主流的科技趨勢，這一點顯而易見。

　　但問題是，你在擁抱一個特定科技而非另外一個之前，要等多久？

　　如果你等到某個科技已經完全穩固，時機可能已經太晚，如果你太早跳進去，你可能將未來賭注在一個「流行」而非「趨勢」上。即使你對了，你也可能在這項科技尚未完全穩固之前，就將資金耗用殆盡。

　　知道「何時行動」可能是你最艱難的任務，因為有些了不起的機會是在趨勢前端發生的。你要如何在早期就加入？你可能沒有能力做到。這都要回到「增加你的機率」這件事上。在你行動之前，必須要先確認這個科技趨勢的確會成為主流。

　　看起來，在科技方面的主要變遷（例如個人電腦或生物科技）大約每五到十年會發生一次。如果大型公司沒有快速回應的話，將會造成相當大的混亂。這一點是可以理解的。根據定義，「混亂」將會威脅企業既有的營運模式，而穩固的公司除非絕對必要，否則不會輕易改變其營運模式。這樣的不願意改變的慣性為你創造出相當大的機會。

關於「及早跳上趨勢列車」，有沒有什麼好例子？網際網路就是一個。在我看來，網際網路一直都是會「成一番氣候」的趨勢，唯一的問題是「會有多大」？我為什麼會這麼確定？因為「能在任何時間、從任何地方取得所有資訊」這樣的概念實在是太棒了。這是一種革命性的概念。諷刺的是，今日網際網路的發展規模要比任何人預測的都還大，但投資人對此已經不再青睞。

科技需要時間發展

如果各位擔心錯過未來重大的科技趨勢，我要提出一件事情讓各位安心：沒有一個科技突破會在一夜之間改變所有事情。事情不會改變得那麼快，這可能是件好事，因為人們與企業都無法快速消化一大堆的變革。我認為公司大約要花七到十年的時間，才能握牢某個真正新的東西，我將此稱為「科技消化曲線」。最快的大規模整合可能要算是網際網路了，但在1990年代中期才真正以全球資訊網這樣的形式出現。

這麼長的前置時間變成是一件好事，因為內部基礎建設通常需要一段相當長時間，才能跟上科技腳步，並真正支援新科技的運作。而這其中也隱含了另外一個訊息：千萬別在內部基礎建設上面下賭注。在1995年時，有人邀請我投資一家個人數位助理（PDA）的軟體公司，PDA 是一種手持設備，可以協助組織你的生活，並且可以無線通訊。這家公司的成功是靠兩種形式的基礎建設：PDA以及無線設備。如果你不想投資在一個依靠基礎建設發展來決定其成功與否的事業，你當然不會想要投資在「由其他兩個基礎建設來

決定成敗」的事業。因此我沒有參與這個投資。我認為它成功的機會太小了。

當人們試著決定某一公司與科技有關的成功機率時，會犯一個典型的錯誤。我們繼續沿用上述 PDA／無線產業為例。回到1995年，當時可能有十個主要的PDA在發展當中，沒有人知道誰將會勝出，因此挑選到正確公司的機率，可能是10%。

邀我投資的那家公司，他也同樣需要仰賴全國網路以便高速傳輸資料。假設這發生的機率是20%，乍看之下，你可能會認為，邀我投資的公司有10%的機會成功（機率不是很高），但實際上這機率只有2%，因為這兩個變數是彼此獨立的。（原因如下：你有10%的機率會挑選到正確的 PDA 公司；但即使你挑選到正確的那一家公司，內部基礎建設完成的機率也只有20%，因此最後的成功機率是：10%×20%＝2%。當成功與失敗的比率是50：1時，你可不會想要下注的）

當我告訴人們，注意不要下注在內部基礎建設時，我大概可以預期得到以下的回答，他們一定會問：「這不是雞生蛋、蛋生雞的問題嗎？你告訴我，如果我想要投資在一個新科技之上，不管是用我自己的錢創業還是在既有公司內創新，我都不應該這樣做，因為內部基礎建設要花很長的時間才有辦法來支援，例如手機業就花了二十年。那麼在這中間我應該做什麼？」

這是個很棒的問題。我大膽回答如下：如果你的事業需要每個人都能以高速無線上網，你已經注定要出局了。但如果你的事業是要提供這些服務，你還有機會，因為內部基礎建設總是必須要比其應用走在前面。舉例來說，對 Flexplay 的主要攻擊是，隨選錄影

帶將會取代對實體媒體的需求，你只需要透過高速纜線，就可以在家中電視機收看。當然，纜線公司已經承諾高速線路有十五年了，無線公司也已經承諾全國高速無線上網有十年的時間了。公司「承諾」要做到，並不表示最後一定會發生。所以我認為 Flexplay 有機會，因為它解決了一個需求，那是既有公司只能在嘴巴上談談、卻無能力解決的需求：你從此不用再付延遲歸還 DVD 的費用，而且以後你根本不需要還了。

技術的發展過程中有許多不同的階段，你可以在每個階段上都獲得成功。對我來說，在科技演進的過程中，誰要能在每個區隔當中成為領先者，將會成為最後的贏家。

讓我們用另一個角度來思考這件事。在任何特定時刻，都有一大堆同步產生的潮流，最終會重新定義我們的世界。照理說，這些潮流應該代表了技術與企業實務中最好的一部份。趨勢越久越容易辨認。比方說，沒有人可以反駁個人電腦、全球化、網路化以及網際網路不是改變世界的重大趨勢。

然而，如果談到將你所有的資源及早放在最新科技上，我還是提醒你要小心。技術趨勢的早期階段是非常難以辨認，同樣的，也很難分辨它究竟是一時流行、還是會引起大騷動。（我在1990年代早期第一次看到網路時，覺得它速度非常慢、而且沒有價值）沒錯，大型的趨勢會創造出巨大的機會，你越早辨識出這樣的趨勢，要建立一番轟轟烈烈事業的機會就越高。但你越早進入，你跳上流行而非趨勢的機會也越高。當我回頭看過去失敗的那些新創事業時，通常都是誤判了趨勢的發展。我投入的速度過快，而不是過慢。OpenMind 群組軟體就是最好的例子。如果我們的第一家公司

（協助個人電腦與主機相連的那家公司）早一個禮拜開始，我們可能就會把錢燒光了。就是這麼千鈞一髮。

　　但你不一定要成為第一個進入市場的嗎？很多人認為需要，甚至有個名詞叫做「先進優勢」（first mover advantage）。這種說法對嗎？如果你是第一個進入市場的，而且你有最棒的產品、管理以及一大堆的資金，搶先當然就會先贏。但先進市場並不能保證一定會成功，尤其如果你是跟一個錯誤的團隊、用錯誤的方法的話，那成功的機會更小。

啟示：不要跳得太快

　　如我所說，對於新科技及其相關的商業概念，我並不是冷嘲熱諷，而是存有高度懷疑。人們總是對我的懷疑論感到訝異，更訝異我竟然建議他們跟我一樣抱持著懷疑觀點。他們想要知道，如果沒有跳上下一波熱門科技的潮流，公司要如何成為市場領導者。

　　這又回到我整個中心思想：你一次只能專注在一個機會上。在幾百個蜂擁而至的熱門科技當中，只有兩三個可能成為推動產業變革的手，而困難的是，如何找出那兩三個最後勝利者。

　　所以，如果你一直追求任何快速移動的東西，你永遠不會有時間或資源來找到你的點子，更別說將焦點集中在這個點子上了。

十萬隻旅鼠不可能會錯

　　對於有機會會成為下一個大趨勢的事物，要我們去忽略它，

這一點非常困難，因為我們都想要相信科技可以解決我們所有的問題。這是很大的誘惑，任何承諾要做到這一點的新科技，都會有一些人被吸引。

有時候，我認為「大公司早期擁抱新科技」跟其「終極成功」之間，似乎有著相反的相關性。

當 DCA 在 1992年買下 ICC 之時，我成了 DCA 負責創造新產品的人。我個人很喜歡愚人節，並且決定要跟我的新同事開個玩笑，這通常是工作初始時最適合的好方法。我發出電子郵件給所有員工，邀請他們來看我剛剛創造出來的產品原型。（這產品是杜撰的，我自己編的，但只有我知道）基本上，我將產業內每個流行用語放在我這個革命性產品的描述之中，我告訴他們，我創造了一個「掌上型行動影像會議系統」。（這玩意兒在十年之後都還無法做到）

讓我驚訝的是，有一屋子的人等著看這個「劃時代新突破」的產品。在我開始之前，我請一個人站在椅子上，用一個非常奇怪的姿勢拿著一個設備。（我跟在場的人說，這棟建築裡的衛星訊號不是特別強）

經過這次經驗，我深深相信，我用了一個非常絕妙的方法來讓人們知道，為什麼他們不應該被聽來「好到不像是真的」的東西所吸引。我繼續我的簡報，最後用一張投影片問大家：「當你把業界所有流行用語放在單一設備上時，你會得到什麼？」

下一張投影片寫著：「答案是：一屋子的笨蛋！」

說到這裡，我自己簡直是笑到不行，但沒有其他人知道這有什麼好笑，他們可都是聰明人吶。我只好用白話告訴他們，這一切都

是我編出來的，這是一個愚人節的笑話，我想要強調的是，我們都被看來又酷又炫的科技給騙了。

我當時想要強調的重點跟現在一樣：不要因為被科技的魔音給吸引了，這反而讓船觸了礁。如果你決定要降低科技的重要性，轉而強調將「趨勢」應用到需求上，請確認你所要應用的趨勢的確是個趨勢、而不只是一時流行或錯誤的點子。換句話說，同樣也不要被趨勢的魔音給騙了。

這一切其實並不困難

我並不相信陰謀論，但我的確相信，研究機構、顧問公司以及大部份的商學院教授，都互相競逐著看誰能創造出最多的新名詞。

在1995年之時，業界存在一種看法，認為網際網路就是「去中介化」。

當我們在為 DoubleClick 公司尋找資金的時候，我一再被問到，是否擔心會因為被「去中介化」而破產。畢竟，這些人都在納悶：「網際網路就是去中介化，那你們不會被去中介化嗎？」「當然不會，」我說，儘管我根本不知道那問題是什麼意思。

後來我發現，「去中介化」指的是在網際網路上，所有人都不再需要「中介」或中間商，而能直接賣東西給終端消費者或企業。你可以直接跟製造商拿貨，不再需要到雜貨店去了。我知道這聽起來很蠢，但這的確是當時許多人深信不疑的想法。

過去依賴零售商甚深的公司很難接受這個概念，最後才發現，它們原本有機會對這些代理銷售商施壓的。

雖然我知道這個概念為什麼會讓一些公司開心，但我當時以為（現在我知道了），提出這個概念的人完全搞錯方向了。我總認為網際網路應該叫做「再中介化」。

「再中介化」的意思是：用根據網際網路設計且更有效率的配銷系統，取代原來沒有效率的系統。許多最大型的網路公司（如亞馬遜書店、雅虎、eBay、DoubleClick）都是再中介化的一份子，它們都是有效率的中介商。

許多追求「去中介化」理論的公司，最終只是親手創造了一個個大災難而已。

有的航空公司都認為它們可以擺脫中介商。它們未來的營運模式是要直接賣票給顧客。你可以打電話給它們或上網站，就可以直接買到機票。再也不需要透過旅行社，航空公司再也不必付佣金給那些旅行社了，但是你相信聯合航空或美國航空會給你最優惠的票價嗎？當然不！你會去找一家能為你搜尋出最便宜票價的公司。

因此 Travelocity 以及 Expedia 是兩個最成功的新公司，它們成功地扮演「再中介化」的角色。

寶僑（P&G）以及聯合利華（Unilever）都做過直接銷售產品的實驗。你可以想像一下，為了要買一些雜物得逛上五十個不同的店（或網站）嗎？當然不。你會找一個中介商，可能是超市、藥局或是線上雜物店。

我們永遠無法到達比爾·蓋茲所描繪的「無摩擦經濟」這種神話般願景。但我們都可以透過更高的效率、充滿豐富科技的再中介商，擺脫大部份的摩擦。

這正是重點所在。

人們過去常談論許多舊經濟與新經濟的差別，並且堅持新經濟絕對會比較好，因為新經濟是以新技術為基礎。但用這種論點來區別新舊經濟，似乎模糊了重點。新經濟的改善來自於企業善於掌握新科技，藉此創造出更高的效率。新（經濟時代裡的）公司可以做到；但所謂的舊經濟時代裡的公司，也可能做得到。「去中介化」只是一時流行，而非趨勢。

檢驗你的點子是否有市場存活力

讓我們停下來一分鐘，確認我們知道自己的進度到哪裡了。

在應用BPT技術到需求上並縮小範圍之後，你手上現在應該有三到六個非常具有發展潛力的點子，這些應該是能處理實際問題的高效率解決方案。

接下來，你要檢驗這些點子是否具有市場存活力。這個驗證的步驟將會花上一些時間與心力。你必須要釐清以下幾件非常不同的事情：

- 你的點子可以解決某個實際的需求嗎？
- 是否有其他競爭產品？如果有，你的有什麼明顯優於其他產品的地方？
- 潛在客戶或顧客的想法為何？你已經知道你確認了需求，但他們會付錢來買這個解決方案嗎？他們究竟希望你的產品或服務做到哪些？他們需要產品具備哪些特色？不需要具備哪些特色？
- 誰是你最可能的競爭對手？你可以躲開對方嗎？

- 這個市場之所以沒人提供服務，是否有特別的原因？
- 這個市場夠大嗎？
- 「專家」對此的想法如何？（提示：他們的意見可能不重要）

　　這些都是非常困難的問題，但你必須要回答出每一個問題，因為你此時的目標是要將焦點縮小到剩下一個點子，依此建立公司。

　　最終你只能追求一個點子；其他點子都必須要丟掉、忘掉。別擔心，點子是非常廉價的，畢竟，你在BPT的過程中就想出幾十個，不是嗎？

　　這些問題非常重要，以下我們逐一來檢視：

1.你的點子可以解決某個實際的需求嗎？

　　有許多新創公司或公司內部創新事業部門，手上掌握非常炫的科技、但卻沒辦法解決一個真正的問題。建立一個手機通訊系統，讓你可以在任何地點（不管是在聖母峰或戈壁大沙漠）跟任何人通話，這聽起來是很炫；但問題是，需要這種科技的人可能數得出來；而其中願意付錢來買這個科技的，大概用一隻手的手指頭就可以數完。這正是銥計畫失敗的原因（這計畫背後有許多大公司支持，其中最著名的還包括摩托羅拉）。很明顯的，你不會願意走

上這條路。科技再酷、即使再加上多個流行用語，都沒辦法邁向成功；你必須要解決需求。我知道自己一直在重複這句話，但我這麼做是有原因的。這一點需要紀錄下來。

2.是否有其他產品在處理這個顧客問題？

通常，工程師及其他人會找出一個所謂「更好的捕鼠器」。人們說：「我們可以做出比現在的市場領導者X公司產品還要棒的版本，因此我們會贏。」請想想幾十家試著要對抗微軟 Office 產品（如 Word 軟體）的公司。如果你受到引誘要往這條路上前進，請一定要非常非常小心。首先，「更好」是一個非常模糊的字眼，任何一個優秀且有效率的行銷人員都會因此搞混，什麼才是真正對顧客最好的。一個穩固的競爭者擁有聲譽、信任等優勢，這些都是一個新創公司或既有公司在新市場推出新產品時最缺乏的。你不可能跟既有產品只有些許的不同，就期望顧客能丟掉現在的選擇，投向你的懷抱。

第二，不要輕忽你競爭者的智力。你可不是唯一高IQ的人。如果你的點子很棒，既有的競爭者也可能會「借用」你的點子。如同傳言馬克・吐溫（Mark Twain）曾說的：「當我偷了一個點子時，我就知道它是個好點子。」光是改善一個既有的產品是行不通的。

3.潛在客戶或顧客的想法為何？

走出去問問實際的潛在客戶，看他們對你的點子有何反應。請證實你的點子的確能解決一個被他們認定為問題的問題。請容我再提醒一下：你並不一定總是能找到客戶詢問的。如果你在某個趨勢

的初期階段，跟顧客談可能不會帶來多大的益處，因為他們可能還沒認定自己會有個需求。當我們在1983年開始設立 ICC 時，沒有一個資訊系統經理相信他們需要在組織內使用個人電腦。即使如此我們仍願意相信這一趨勢，是因為我們打賭：資訊科技人員對於「個人電腦是否能進入組織」並沒有最後決定權。因此，我們並沒有將他們說的話當真。對我們來說，問題是：如果個人電腦會出現在組織裡，資訊科技的經理會希望將這些新的個人電腦跟公司主機相連嗎？答案是「當然希望」。他們根本沒有選擇。哪個員工希望桌上擺兩台電腦？我們在 DoubleClick 成立初期的研究階段，也遭遇到同樣的問題。我們在1995年跟廣告主洽談時，沒有人對於「在網路上登廣告」有興趣。為什麼會如此？因為當時根本還沒有多少人開始使用網路。我花了很多時間跟廣告主及廣告公司討論，以便更瞭解它們基本的問題。它們的問題其實非常簡單：廣告主希望將訊息針對目標市場發送，看看這些廣告會如何影響消費者行為。我們知道這個問題在網路上是可以解決的；唯一的問題在於：網際網路會成為大型媒體嗎？對此我們深具信心。此處的重點是什麼？如果你及早加入這場遊戲，潛在客戶可能不能給你有效的意見回饋，他們可能對於你的點子還不是真正瞭解。

4.誰是你最可能的競爭對手？市場是可防禦的嗎？

如果你今天沒有競爭者，誰是明天最可能進入這個市場的？杜懷特跟我花了許多年在軟體產業，當時微軟緩慢地接手每一個有趣的區隔。當我們著手成立一家科技公司時，我們最大的恐懼就是微軟，這一點也不意外。即使我們原來的點子之一（可以協助設計網

站的軟體工具）非常棒，我們還是沒有追求這個目標。我們知道微軟會需要吃下這個市場。（出人意外的是，微軟很長一段時間都忽略這個點子，最後是買下一家名為 Vermeer 的新創公司，這也是其FrontPage產品的基礎。但我們沒想到事情是這樣演變，我們認為他們應該會持續往水平市場擴展，例如網頁設計）

5.這個市場之所以沒人提供服務，是否有特別的原因？

儘管你的點子可能看來非常明顯，但別假設所有人都瞭解了。在1986 年左右，當我在 ICC 時，一位顧客告訴我，他想要讓公司的個人電腦透過撥接連結到其區域網路。我告訴他，這聽起來應該不是太難的問題，我答應幫他找出解決方案。於是到處搜尋、並且跟所有邏輯上相關的公司談過之後，我沒辦法找到任何可以滿足這要求的公司及產品。當然，我們今天全都可以撥接到區域網路，但當時這可能被視為一種奇蹟。我們花了許多個月的時間，輾轉思考是否應該設計這個產品。最終我們還是決定往前走，我發展了遠距區域網路節點（RLN），這產品成功是相當合理的；唯一美中不足的是，如果我們可以早一點開始，並更積極地進攻這個市場，可能會比現有成績還要成功許多。我們沒有這樣做，是因為我們深信每個人都會很快知道我們所做的事，然後就會很快進入市場，跟我們分食一杯羹。這個經驗讓我相信那句老格言是對的：「最棒的點子是那些看來最明顯的點子」。

6.這個市場夠大嗎？

在ICC的階段，我們執行得非常好，最後獲取95％的市場。可

惜的是，這個市場一年只有五千萬美元的規模，而且逐漸萎縮當中，因為需要將個人電腦跟 Burroughs 以及 Sperry 主機相連的人就那麼多。諷刺的是，這對我們來說是個大好消息，因為我們是唯一專門為具有這兩種主機的公司提供解決方案的業者。但當公司漸漸揚棄主機系統，對我們產品的需求也越來越少了。我們在成立 DoubleClick 前的研究階段，就特別提醒自己注意一些細節。我們希望能追求一個大型市場，而且不會隨著時間而萎縮。

7.小心所謂的「專家」

我承認我會引述專家的話，如果他的意見跟我一致時。說真的，我只會把分析報告作為另一個資料或看法而已。關於專家的真相是：你需要自己變成專家。如果你在既有公司內進行創新，你最好比專家更專業。你不只需要在公司內成為專家、也需要在你的產業內成為專家。請記住，你會在公司賭上你的人生及金錢，但專家可不會。如果這裡的專案沒成功，他們還是可以到別處作別些事情的專家，而你可沒有這種好命。

你不能證明無法證明的事

不過，預估市場的規模是很重要的，我認為「市場預測」正是所有人失敗的地方。他們用 Excel 的試算表一一拆解計算，創造出一些複雜的模型，來顯示市場將會如何依據專家預測精準展開。

請記住，預測永遠是錯的。要不就是太高、要不就是太低。

對我而言，市場只有分為小、大或巨大。如果你是新創事業，請忽略小市場；如果是在既有公司，請將小市場交給某個部門來負

責。如果無法找到巨大的市場，那麼就請追求大市場。

　　巨大市場是所有人都夢想著要揮出的大滿貫。透過一些基本直覺，你可以相當快速地預估市場規模，看看你所面對的究竟是小、大、或是巨大的市場。你不需要策略性規劃就能瞭解市場規劃，因為沒有人真正知道市場有多大。

　　我一直都非常推崇海森堡（Heisenberg）在物理上提出的「測不準原理」（Uncertainty Principle），根據這個原理，不管你多努力嘗試，絕對不可能完全準確地測出某一系統的所有量子。這種不準確來自於你所使用的測量工具。不管它們有多好，總是會有一點點落差；而這可能是可以想像的最小差距。而預測的不準確則是來自於：你沒有能力預知，未來到底會發生什麼。

　　不管你多努力嘗試，不管你花了多少時間、投入多少金錢，你永遠也不能決定一個確定的未來。花10%的資源在這上面，可能足以讓你測得50%的確定性；但如果再多花十倍的資源，可能只多增加一點點的確定性而已。可惜的是，這會引誘你以為獲得完全的確定，以為自己已經完全知道市場將會如何開展。

　　的確，就是這些研究，讓我對傳統策略性規劃技術極度挫敗；也引發了我發展 BPT 的動機。我們似乎永遠在第一天就得到所有絕佳的點子，而其他時間都是用來驗證這些點子是否正確，研究、預測、並且根據發生的可能性，創造出淨現值分析。換句話說，在收集到所有的好點子之後，我們浪費了相當多的心力與時間，證明「我們已經獲得所有好點子」這一事實。

　　我認為，公司或個人在策略性規劃過程中所犯的最大錯誤，就是想要試著證明那些無法證明的事。我們會花好幾個月的時間，從

專家那裡尋找「事實」（或預測），以便「證明」我們是對的。這
真的是非常浪費時間和金錢。

> 你永遠不知道未來確切會變成什麼樣。請瞭解並接受這一
> 點。先用一個不完美的產品，早一點切入市場。一旦在市場上
> 生存並活躍，你將會學到許多如何成功的心得，同時也可依此
> 調整產品跟策略。

　　如同巴頓將軍（General Patton）所領悟到的道理：今天執行一
個「不盡完美」的計畫，要遠比一個從未被執行的超完美計畫好太
多了。

> 人們花了非常多時間想要嘗試預測未來，此舉是將自己置
> 入一個愚蠢的思維當中，以為所有的預測代表了「確定」的真
> 實。他們不再將其視為預測，而是視為一種確定的命運。這無
> 異於想對未來進行「診斷」。

　　這些過度思考常讓我想起一個老笑話：我的一位教授告訴我
們，要特別注意工程師及數學家之間的差別，你可以從他們的觀點
中分辨出來。身為男性的我想跟大家分享男性的觀點，這個笑話是

這樣的：

　　一位工程師跟一位數學家同在一個宴會上，此時一位美女進入房間。他們試著要找出接近她的最佳方法。數學家說：「如果我橫過這個房間，每一步都是上一步的一半，一直不斷重複下去，我會永遠到達不了她身邊，因此我要留在這裡。」工程師聽了數學家的論點之後，說：「真該死，我要距離近一點才有辦法算出來。」

　　所以，做工程師吧。你不用要求完美，你只要「距離近一點」就可以了。

你可能還沒有這個

　　希望在你研究完BPT選出的前三到六項點子之後，你會找到那個讓你深信具有最棒機會的點子。但正如我們在前一章所提到的，如果你覺得這些點子通通沒有市場存活力，你不需認為自己有義務要追求任何一個。如果你對於清單裡的點子沒有強烈的信心，請回到本章最前面，重新再來過。

　　當你擁有那個「對」的點子時，你自己絕對會清楚知道！你會變得非常著迷於其中，甚至興奮得沒辦法闔眼。當我開始創立DoubleClick 及其他新創事業時，都有過這樣的感覺，我相信你也一定會經歷到！

　　很多人相信，所有的點子都是從零開始無中生有的，這像是一種神聖的靈感。我將這些人稱為宿命論者。不過，我相信我們能夠自己創造運氣。如果你創造了一大堆的機會，就可以做出有根據的選擇，找出最有機會成功的那一個。我是決定論者。

整合‧開始運作

　　在上一章當中，我們花了很多時間在介紹BPT，這是有原因的，因為這技術非常重要。這是我所知最能「強迫」創新產生的好方法，如同本書副標題所言，這是「無中生有」最棒的方法。

　　在此，讓我以一個迷你案例來說明，這所有元素如何成功整合在一起。我們在創立 DoubleClick 時，就用了上面所談到的所有元素，並且善加應用。以下我簡單說明我們的作法。

　　在1995年，杜懷特‧莫立曼跟我開始創立一家科技公司，這是我們唯一確定的事情。這是一個非常明確的目標，並且對我們任何點子都抱持開放的態度。成立一個公司，並且掌握市場上正在發生的東西，這種前景非常令人興奮；雖然我們對於想成立什麼樣的公司還沒有個譜，但我們清楚知道，一定要快速聚焦。像我們這樣的人有幾千個，大家都拼命往前衝，想要善用每天進步的科技，創出一番事業。因此為了找出哪些是應該做的事情，我們運用了 BPT 技術，從頭開始。

　　如同我們前面詳述的，談到創新，你必須要找到顧客需求，並且思考如何以最佳方式應用科技來滿足上述需求，讓你的解決方案更具效率。你可以從任何一邊開始：從需求面或技術面都可以。由需求面開始通常會產生較多的選項，但杜懷特跟我還是決定，由我們比較拿手的科技面下手。

　　在當時我們看來，可能有以下四種科技會成為大潮流：

- CD-ROM／多媒體
- 網際網路
- 無線、遠距及行動式
- 分佈式系統，或是減少主機需求的運算能力。在多台電腦間散佈複雜應用程式的能力，大幅超越了任何單一電腦的能力，包括主機。

接著我們使用前面談到的方格，將這四項技術應用在我們認為最有前景的七大需求上。這七大需求包括：

- 安全
- 娛樂
- 教育
- 電訊
- 資訊取得
- 電子商務
- 電子郵件

以下是我們討論的實際結果摘錄。當你檢視這樣的方格時，請記住一件事：許多點子，例如「搜尋工作／履歷表」是在這四項技術上都重複出現的。

到最後，我們討論出超過八十種可能的產品構想。

以下我簡單說明這家公司的產生過程。

我們透過 BPT 流程，將上述八十個點子縮小到少數幾個；此時，跟網際網路相關的點子一直在 BPT 的篩選過程中獲得最高票數。我們最喜歡的一個關於網際網路的點子，是集結網站、並讓人

們可以訂閱包含上述所有網站的資訊。

在當時，美國線上（AOL）主宰了整個線上市場。你可以透過AOL取得資訊以及內容。我們相信，資訊取得的路徑及內容將會分裂區隔成更小的單位─也就是網路服務提供者（ISP）以及網站。我們相信，當這些情況發生時，會產生幾千個以訂閱為基礎的網站（天啊，我們錯了），到時候，沒有人會想去幾十個網站填寫幾十種訂閱單。我們認為使用者應該會想要整合在一起完成訂閱手續。

因此，我們最初的想法是類似區域有線電視業者。

我們會將一些頻道（以訂閱為基礎的網站）組合起來，向客戶收取一個費用，客戶便可以使用上述組合內的諸個網站。只要一個價格，你可以無限制地上X、Y、Z網站；再多加一點費用的話，你還可以再上幾個更好的網站。（就像有線電視業者，每月固定收X元，可以看五十個或基本的頻道；如果多付一些，就可以收看基本頻道再加上一兩個電影頻道、運動頻道之類的）

在研究這些網際網路概念時，我們也不斷產生一個共同的想法：廣告（而不是訂戶）才會是網路出版業者主要的經濟驅動因子。但是我們對於要人們「付費訂閱網站資訊」的點子越來越覺得不安，在努力了幾個月的之後，決定放棄這個概念。

但在這同時，我們卻發現了另一個更棒的點子。杜懷特說：「我們為何不幫廣告主聚集網站呢？我們可以建立一個廣告網路！」

砰！

我們腦袋中的靈光一道一道點亮，我們知道這就是我們要的點子了！那晚我們上樓去（當時我們在亞特蘭大家裡的地下室工

作），我告訴妻子南希，我們尋尋覓覓的行動已經結束了。我終於又找到一個工作了！從此我們再也沒有回頭，結果證明我們這個洞察力是非常正確的。DoubleClick成了提供全球網路行銷解決方案的公司。我們專注於設計解決方案，透過網路行銷來促銷刊登廣告的網站，並且協助將訊息刊登在那些網站的廣告主。當我們開始著手進行時，我們將科技放在整個營運的核心。

最後一點想法

你可能會注意到，到目前為止我都沒有提到，尋找創新的過程中跟「賺錢」有關的事情。我是故意的。我認為利潤是一個創意的副產品，而不是目標。亨利・福特相信，企業最重要的任務，是為顧客提供具有價值的產品。他說，如果公司真的這樣做了，那麼利潤自然隨之而來。我非常認同這樣的說法。一個公司如果宣稱「我們的目標是要獲取利潤」，是完全沒有意義的。企業之所以存在，就是為了解決問題，並且盡可能以最好的方法來做到。如果你這樣做，就會有相當多的人向你購買，你會得到相當大的市場佔有率，接著就會賺到很多錢。

本章摘要

　　本章有四個主要變數是必須特別注意的：流程、需求、科技、解決方案，以及在應用需求到技術上之後，這個點子是否有存活能力。因此，我們將會在摘要中分為四個部份來說明：流程、需求、科技、解決方案、以及評估將科技用來滿足需求的解決方案。

　　首先，先從流程開始談起：

流程

1. 運用BPT找出需求。使用BPT技術，盡可能找出最多的商業需求，越多越好。
2. 運用BPT找出科技。使用同樣的方法，找出你可能用來解決上述需求的所有科技。
3. 運用BPT找出解決方案。將上述每一項科技應用到每個需求之上。
4. 研究前三到六項解決方案。找出最棒的可能方案。
5. 如果必要，重複上述流程。如果沒有一個點子是你喜歡的，就請回到第一步重新來過。

　　以下，我們分別探討這每個元素：

需求

1. 誰是你的顧客（或潛在顧客）？這絕對是你最首先要思考的問題，甚至在你思考他們的需求之前。

2.不要限制你對點子的研究。你知道的遠比你認為自己在做的事情還要多。當然,第一步要先檢視你目前研究的幾個點子,但也同樣要考慮你在扮演消費者或休閒時突然想到的其他機會。

3.記住,你不一定就代表市場。你喜歡巧克力豆,不表示全世界的人都喜歡。假設「自己代表市場」的思維是非常危險的。

科技

1.不要太早投入。在你做出承諾投入之前,先確定該項科技趨勢真能持續發展。你可沒有資源追求每一項熱門的科技。

2.不要在基礎建設上下賭注。這部份會花費的時間,通常比任何人想像的都還要久。

3.最棒的科技可能不是最棒的,如果從消費者的角度來看。永遠要選擇消費者喜歡的科技,而不是科技人喜歡的,他們喜歡的科技,市場可能會不夠大。

解決方案:測試你手上的創意

1.你可能沒有答案。你很有可能會花費數月的時間之後,發現你原本確定的答案並「不」是答案。不要試著作不完美的解決方案。再多試幾次吧。

2.有人會付錢來買你手上這個創意嗎?這是對你創意的終極測試。

3.不要擔心利潤。如果你真能有效率地滿足這個需求,利潤自然會出現。

第四章
發展策略

「如果你在路上遇到分叉點，就選擇向前走吧！」

~羅倫斯‧彼得‧貝拉（前紐約洋基對傳奇捕手）

我原本想把這一章叫做「如何撰寫營運計畫書」，因為這正是本章所要談論的主題；但我擔心大家看到這個標題會直接把這章跳過去，因此還是作罷。我瞭解為什麼人們會潛意識想跳過「為你的組織建立超完美營運計畫」或甚至「營運計畫立即上手」這一類的東西，因為那些營運計畫大部份都很冗長、無趣，而且從來沒派上用場。

但是，問題並不在於「建立營運計畫」這個想法，而是在創造營運計畫的人。這些人用一大堆的專業術語，來表達簡單的話就可以說完的觀念。你絕不敢相信這裡面有多少瑣碎的枝枝節節。而且銷售與盈餘的預測將不變地進行下去十年，連八歲小孩都不會認真看待的假設，也難怪沒有人想要讀營運計畫這類資訊。

這太糟糕了，真正正確的營運計畫應該是這樣：一個清楚或精準描述企業在每個重要角度上如何營運的計畫或策略。營運計畫並不需要走到太深入的細節，例如從現在開始的四十二個月內有多人會配置在財務長之下。一個好的計畫會設定好企業的攻擊線，在接下來的幾年會做什麼、不會做什麼。

一個紮實的營運計畫是一個藍圖，讓所有人看到（包括潛在投資人、資深管理階層以及員工），在可預見的未來，這個組織將會是什麼樣子、做些什麼事。它會描繪出你如何將點子落實成真：在未來幾年打算如何創造這項產品、如何將這產品銷售出去，如何為此配置人力。這個計畫將會讓每個人看到，你只會將焦點放在那些

達到成功所必要的事情之上。

你不可能預測未來好幾年會發展成什麼樣子，因為這絕對不可能。你如果離得越遠，企業的輪廓將會越模糊。不過，你可以清楚說明，你在未來十二到三十六個月的時間當中，打算如何切入市場。

明確來說，你在營運計畫當中應該說明以下幾點：

1.你要解決什麼問題

2.你的產品或服務如何以最棒的方式來解決上述問題

3.你要如何將產品或服務帶到市場上

營運計畫就是將上述三個問題的答案化為文字的文件。在此，你可以清楚闡述企業的策略、以及未來幾年組織將要朝哪個方向前進。

這有點像是在下棋。你要考慮的不只是你的下一步，同時也要考慮在四、五步之後，會有什麼情況發生（或可能會發生）。有沒有明顯的事物會摧毀你、或對你造成傷害？你可以做哪三、四件事情來杜絕這些競爭？這些都是你要處理面對的議題。我們會在本章當中一步一步介紹說明。

人們對於策略有兩種傾向：要不就是完全不花時間；要不就是花太多時間在這上面。不花時間是非常愚蠢的行為；但花太多時間來確定所有事情都完美執行，可能更糟，因為你永遠不會得到所有答案的。你需要很快地切入市場，如此才能從中學習，找出哪些是重要的，接著就往前移動。只要讓所有事情的進行方向一致，接著就可以進場了。

這是我在微軟的「漸進式創新」中發現的迷人之處。這家公司

一旦開發出一個產品，就會以最快的速度切入市場。想想他們第一版的視窗作業系統或是 Word、Powerpoint 等等，這些產品的第一版是很恐怖的。當Explorer出現時，比起Netscape簡直是差太多了。微軟知道這產品可以不斷改善，並知道需要仰賴市場（也就是實際的使用者）的回饋來協助他們改善。他們不會等到產品近乎完美才推出，沒有人有本事等那麼久的。

寶僑家品（P&G）多年來也採用同樣的方法。他們會及早進入市場、並且由消費者的回饋當中學習。想想看，這些年來，Crest牙膏或汰漬（Tides）清潔劑已經改過多少次了？

不過，像微軟及寶僑這樣的企業非常少見。大部份的產品推出市場的時間往往太遲。原因是：創造產品的工程師視自己為藝術家，因此希望在上市之前，將產品打造到近乎完美。這是非常愚蠢的想法。所以請先把產品推出到市場，由市場來告訴你，哪些完美、哪些不完美。

當然，產品也不能是個無用的垃圾。你已經太過努力（動作太快但非常努力）設法要打造一個你認為可以含括大部份顧客需求的產品。不要浪費時間想把產品變成一百分的完美。記住巴頓將軍的方法：一個「現在的好計畫」比「待會兒的完美計畫」還要更好。

注意那些「不吠的狗」

策略不是為了要決定將「要」做的那1％；而是要說明「不要」做的那99％。舉例來說，在DoubleClick，我們常代表市場上兩個大型網站 Excite 以及 Netscape 招攬廣告。也就是說，我們的業務

人員要爭取客戶到這些網站上刊登廣告。

我們與這兩家網站談妥的條件當中，有一部份是我們非常堅持的：當我們繼續合作之時，Excite 以及 Netscape 需要使用我們新開發的 DART 技術（這是公司實際的技術基礎），這可以協助它們衡量出廣告的效能，我們認為這將會是一個大的優勢，如此所有人都會全贏，對廣告主來說是一項利益。

但儘管我們堅定地要它們必須這樣做，這兩家公司還是拒絕使用 DART。結果呢？我們失去了這個生意。但這最終還是變成一件好事，因為我們以 DART 技術為基礎，建立了自己的廣告網路。

另外一個例子也可以說明我們有哪些事情不做。在 DoubleClick 成立後不久，當時有很多人來跟我們接洽，希望能跟我們合資開拓國際市場。而我們拒絕了，因為我們必須要先將焦點鎖定在美國市場。正如我們半開玩笑告訴這些人的：我們希望先在國內犯過所有的錯誤，為了讓我們未來不會在國際市場上重蹈覆轍。

當你要找出你的策略應該是什麼（或應該不是什麼）之時，BPT 當然是最佳的工具。你可以有上百種不同的方法來定位你的公司；也可以為產品置入一百種特色、或是一百種不同的方法來將你的產品在市場上推出。在每一個階段中，都請使用BPT來幫助你找出，哪個方法對你想要完成的任務是最好的。

每當你需要產生許多選項的時候，請使用BPT技術

你瞄準的是什麼

人們常會將策略文件當作是一個「熱水規則」清單。你知道那些規則的，就是一些飯店業者好心貼在熱水澡池旁的警告文字：「澡池裡不准喝飲料，不准嬉鬧，十八歲以下孩童不得進入」，而我們都還是在澡池裡喝啤酒，並且讓我們的小孩在裡面玩耍。

不要用同樣的方式對待你的策略。你不需要把它視為十誡一樣嚴謹，但你的確需要認真、非常認真地看待此事。營運計畫的目標就是要創造一個明確的策略，在未來幾年的時間中，指引你的公司前進。

我們使用 BPT 技術來發展 ISS 以及 DoubleClick 的營運計畫。即使在這些計畫被創造出來多年，都還是在協助這兩家公司，將焦點集中在它們想要前往的目的地。

在 DoubleClick 的第一年，我們曾跟高盛（Goldman Sachs）的投資銀行家羅倫斯‧寇卡諾（Lawrence Calcano）會面。這個會議完全不成熟，因為我們當時距離公開上市還有很長一段路，但我希望確定在未來有很好的條件來進行公開上市。在數年以後，我們又跟羅倫斯再次會面，開始我們首次公開發行的流程。羅倫斯抽出我們的營運計畫，驚訝地發現：我們的確做到在營運計畫中所寫下的文字：開發獨特的產品，協助廣告主將其訊息更為精準地發送到目標市場去，而且我們也符合營運計畫中所列的產品開發時程。我們定義出未來所要開發的產品，也的確開發了這些產品。不但如此，我們對市場的預測也非常精準，我們的績效跟預估的財務數字也非常接近，這些讓投資銀行家非常訝異。（確實做到你說要做到的事

情，這可是非常罕見的）我相信我們之所以能完成計畫中所列的種
種任務，要歸功於我們偏執的想法，只把焦點鎖定在必須要做的事
情上，我們不讓公司的營運分神。

　　因此在建立這樣的重要焦點時，營運計畫是非常重要的關鍵。
這就是你想要得到的結果；這就是為什麼你需要明確列出哪些是你
想要做的事情。當你持續前進時，策略可能會有些許調整。如果你
的策略是要建立全球最大的披薩公司，經過一段時間之後，你可能
會因為薄餅市場成長比你預期的要大且快，因而把深盤披薩改為薄
餅式。這沒問題，這是預期內的事情；但你不應該先設定一個「成
為全球最大披薩公司」的目標，結果一週後又改賣起狗食來了。這
是相當大的策略轉變。而且，如果你跟原始策略有相當大的差異，
一定在某個部份有嚴重的錯誤。

　　你的策略應該是一個靈活而有力的文件，就像美國憲法一
樣：具包容性、難以改變、但又有足夠的彈性來演進以因應重
大機會或危機。但請記住，世界並不會變化得那麼快，你的策
略也不應該變得太快。

　　在此我要再次提出我的忠告，請記住書中的重要訊息：專注於
你必須要完成的事情之上；忽略其餘的所有事情。將焦點專注在策略
上，這是你一定要做到的。你需要從一開始就將焦點鎖定在正確的點
子之上。在產生點子的階段（也就是在你承諾對任何一個點子投入資

源以前），改變方向就像是划船時掉個頭一樣，不會花你太多力氣。
但你一旦在上路後才改變策略，就好像想讓輪船「瑪莉皇后號」掉頭
一樣。你不僅浪費時間、金錢、也浪費資源，你的旅客也會非常不高
興（此外，整個港口都會看到你的失誤），所以這就是你需要在一開
始就清楚要往哪兒去的原因。你需要從一開始就詳細計畫你的路線，
這種清楚的思維必須在你的營運計畫裡反應出來。

　　為了說明我對建構營運計畫的看法，請參閱本書附件
「DoubleClick 營運計畫書」。你可能會很驚訝地發現，這個計畫
書非常短。此外，你還會注意到其他一些事情，例如，我們沒有將
一些惱人的瑣碎細節放進到營運計畫書之中。今日，這家公司已經
有長足的發展，但數年前所建立下來的基礎，依然清晰可見。

　　接下來，我們會建立一個虛擬的營運計畫，這個例子將能協助
你看到所有元素如何整合在一起。在此之前，我想強調最後一點：
當我在考慮是否要投資一家公司時，我會將其營運計畫當作是對
「想要我的錢」的管理團隊進行一場 IQ 大考驗，我會檢視其營運
計畫，找出以下答案：

◆ 建立這些計畫的人們是否夠聰明，能夠清楚釐清他們想要解
　 決的問題是什麼？

◆ 他們是否預期未來會遇到哪些障礙，使他們的點子無法落
　 實？（大部份的人都只提出最顯而易見的那些，要不就是假
　 設完全沒有障礙）

◆ 他們是否夠實際地預測未來二到三年的各種數字？（他們對
　 市場規模以及市場成長速度的看法，我都沒有多大興趣，我
　 比較想知道他們的方法是否夠實際。多年前曾有家非常有名

的公司——Power Agent，在開始的前幾年就預測自己將會成為史上最大、獲利最高的公司。對此我非常懷疑：他們憑什麼做到？一方面是我從沒搞清楚他們究竟打算作什麼，不過所有人都對這家公司大為看好，但現在，這家公司已經從市場上消失了）

◆ 他們是否考慮到，哪些狀況是今天甚至還沒在雷達掃瞄螢幕上出現、但在未來可能會造成巨大困難的？

如果你將可能發生的情形都考慮進來，你才不會有盲點；至少會有些心理準備。如果你在讀完營運計畫之後，無法對這上述四個問題做出肯定的答案，那麼你絕對不會想要以任何形式（投資人、管理者或員工）參與這家公司。

但即使以上所有答案都是肯定的，對我來說還沒有結束。為了確定我是否想要參與這家公司，我會非常仔細地閱讀營運計畫，從中發掘管理階層如何呈現計畫書中的每個單元：從一開始的「營運計畫摘要」開始，一直到行銷人所謂的「五P」——定位、產品、促銷、定價以及通路。

　　人們是很容易被欺騙的。他們以為，把某些東西寫下來，就等於已經把這個問題解決了，因此大部份的營運計畫總是長篇大論、沒完沒了的。這是在浪費大家的時間，一個絕佳的營運計畫可以在短短十頁之內表達完整，此處的重點同樣在於「聚焦」兩字。

讓我們來建立一家公司吧

這些實際上到底是如何運作？為什麼不建立一個虛擬的公司來看看呢？

假設我們從 BPT 的需求挖掘以及流程當中，決定創立一個「興奮運動」公司，其定位是「健身終於變有趣了」。（當然，你也可以在既有的公司之下成立一個「興奮運動」的新部門，兩者的流程是相同的）

你已經做出結論，認為消費者趨勢以及虛擬實境模擬技術的進步，已經足以創造出一個讓人想要使用的運動設備。你的營運計畫需要說明，你要如何將上述這個點子轉化為事實：

最後的格式看起來像這樣：

營運計畫摘要

市場概述

定位

產品

促銷

定價

廣告

通路

競爭

風險

管理團隊

財務分析

接下來，我們逐一檢視這些元素如何在營運計畫中呈現。

逐步打造營運計畫

建立事業的第一步，是要先寫一份計畫摘要。這個部份通常不超過一頁，你在此需要說明你「有」什麼。這部份不但會讓你的思維更加具體化（篇幅的限制會強迫你聚焦），同時也可以宣告其他人，你打算要做什麼、你為什麼會成功、以及他們為什麼應該想要成為你想創造事業的一部份。

摘要是投資人以及可能的員工首先會看的部份，因此這部份需要非常非常迷人。如果你沒在這裡吸引住他們的目光，那麼這個計畫已經宣告失敗。他們不會繼續讀下去，當然也就不會簽下投資的支票或是雇用合約了，因此你必須在此立即讓他們「驚為天人」。

但你可不能在此淨弄些絢麗的花招。你在計畫摘要中，需要提到以下三件事：

1. 你真正要解決的是什麼問題
2. 這個問題有多大
3. 你為什麼是解決這個問題的最佳選擇

以我們虛擬的公司為例，其營運計畫可能類似以下這樣：

興奮運動公司營運計畫摘要

終於，健身也可以非常有趣了！

讓我們面對現實吧，大部份的人運動不足的主要原因並非懶惰（這是原因之一，但不是主要原因）；也不是沒有時間（這是藉口，不是主要原因）；跟投入運動所需要的成本更是完全無關。（你可以走很遠的路，這是完全免費的）

原因很簡單：運動很無聊。

有誰想要日復一日做著同樣的運動？即使你在跑步機上慢跑可以看電視、或在舉重時聽音樂，你還是很快就會覺得無聊。還有一些互動式的運動設備，讓你真的像在船裡划槳一樣，但這不會抓住你的注意力太久。

我們活在一個電動遊戲的時代，即使是最棒的運動設備，都比不上三十年前開發出來的電腦乒乓遊戲——Pong。

我們的產品所瞄準的市場不只是「吸引人」而已；實際上，這是一個很大的市場：

- 有四千萬的美國人過重。
- 在沒有過重問題的人當中，有一千萬人希望他們的身材更好。
- 他們宣稱願意花在改善健康及外表的錢總計有六十億美元。

他們需要一個實際的誘餌，而我們可以提供這個誘餌。我們可以結合最新的動畫科技以及最新的運動技術，藉此……

如此你大概對計畫摘要有個大致的輪廓了。如我所說，摘要是整個營運計畫中最重要的一部份，不管你是要新創一個事業、或在既有組織內成立新的部門，摘要都是同等重要。花時間好好構思這個部份，如果你想借用BPT技術來輔助，絕對沒問題。

另外一種方式是：把摘要留到最後再寫，抽取出整份計畫中最棒的元素，組合成為摘要，放在營運計畫之首。

在從頭開始架構營運計畫的過程當中，我會先詳細討論你將要面對的市場。在營運計畫的「市場概述」這個單元中，你需要談到以下幾點：

- 市場需求是什麼
- 可能的市場規模（以金額來預估）
- 是否有既存的競爭者
- 市場可能會有多快的成長

就外部來說，人們會想要知道這些事情，但重要的是，找出並專注於關鍵的市場驅動力之上，此舉將會強迫你聚焦。興奮運動公司如果將目標市場鎖定在年所得五萬美元以下的族群，是完全不合理的，就定義來看，這個機器相對會是昂貴的。

建立你自己的營運計畫、你的策略，就是一個聚焦的練習。這將會在計畫的核心部份——關於五P（定位、產品、促銷、定價以及通路）的探討當中顯現無遺。

定位

這可能是五P當中最重要的一個。事實上，這非常重要，因此

我在建構營運計畫時，通常會留到我手邊倒數第二項工作時再做。（最後完成的是「計畫摘要」）當我們逐一撰寫出我們對於其他四P（產品、促銷、定價以及通路）真正要做哪些事情之後，「定位」自然會清楚浮現。的確，你在創造策略的過程中所做的每一件事，都有助於幫助你塑造這項新創事業的「定位」。

「定位」就是對全世界宣告你這項新創事業所代表的意義。每個事業在顧客的心目中都代表某種意義。如果你沒有定義自己的定位、你代表什麼，那麼其他人會幫你定位，而其他人為你作的定位可不見得是對你最有利的。

我自己有個理論：如果你不能用一句話來解釋你的公司/產品/服務在做什麼（或將要做什麼），那麼沒有人會瞭解你到底有些什麼。換句話說，如果他們無法很快知道你的定位，那麼他們就完全不會接觸你的產品/服務。你不會有時間向他們解釋，也沒有人會自己花時間思考你的定位。

我們活在一個忙碌的世界裡。一般人每天看著上千個同樣形式的廣告，創投業者每天會接到幾十個營運計畫。人們不會有時間坐下來，花一小時聽你介紹你的公司，可能連半小時、甚至五分鐘都不會給你。人們的腦容量有限，行程中的空檔時間更是珍貴無比。你必須要能在一句話裡面就把你所「有」的東西講完。

以 DoubleClick 為例，我們的這一句話就是：「DoubleClick 傳送最能瞄準目標市場的網路廣告」。而 eBay 的這句話可能是：「我們協助消費者，透過一個拍賣環境將物品銷售給其他人。」如果某個潛在客戶願意給你時間，你就可以再更詳細地說明這個句子。但你必須要先將定位濃縮成一個句子，以防潛在客戶不願意空

出太多時間給你，而這是極有可能發生的。

　　創業者通常都非常熱愛自己的點子，這也是應該的。他們會奉獻自己的生命給這些點子，但如果你期望世界上其他人也跟你一樣狂熱，這種想法太過天真，因為他們才不會在乎呢。身為父親，我發現並不是每個人都想看我隨身攜帶的寶貝照片。人們有他們自己的專案以及議題（也有自己的小孩），因此，你必須在一句話裡，講完你的葫蘆到底賣什麼藥。這個句子也是你對著員工、顧客、供應商、投資人以及派對上遇到的任何人所講的話。這句話就代表了你的事業。

　　要用滿滿一頁來說明你的產品或服務在做些什麼，這一點很容易做到；但要將這些東西放到一個清晰易懂又基本的句子裡，就非常困難了。這句話要有多基本？請使用「主詞＋動詞＋受詞」的句型，就這麼簡單，而且非常聚焦。

　　這有那麼難嗎？一點也沒錯，但你沒有選擇，這是我在試圖介紹 DoubleClick 時學到的教訓。這項業務非常複雜，我本來想要逐一解釋每一個細項，例如技術面怎麼運作、為什麼我們可以更精準鎖定目標市場、我們有什麼優於他人之處，如此人們才會真正瞭解我們到底有些什麼。但在看到這些人聽我簡報時的呆滯眼神之後，我發現這種方法起不了作用。人們不會願意從我這兒聽到那麼多瑣碎的事情，他們也不會願意聽你講這麼多，不管是你個人的說明或是你的營運計畫。先給他們一些聲響，吸引他們的目光，如果你不能讓他們在看完摘要後繼續往下讀，你就注定出局了。

　　我很喜歡「**將點子濃縮成一句話**」的這個想法，因為這強迫你真正努力聚焦，這在任何新創事業中都是關鍵。

在你構思出你的那一個句子之後，你可以從這句話出發，再多延伸一點點。此時請採取攻勢，告訴人們你將會做什麼、以及你要如何做到，而不是將自己跟其他人作一區隔。所以，你應該說：「我們會成為財務資訊提供者的領導品牌。」而不是說：「我們將會成為『對的』華爾街日報」。除非你要追求的是一個高度聚焦的市場，否則不該將自己放在跟其他人直接對立的位置，這相當於限制了自己公司可能的發展規模。

我們以電腦產業為例。蘋果電腦將自己定義為「內含英特爾與微軟作業系統之個人電腦」的替代選擇。這是可行的。總有一個市場是想要與眾不同的，他們就是不想跟著市場領導者走。

但蘋果電腦的例子也顯示了一點：這樣的市場不可能太大。如果你將自己定義為另外一個產品的替代選擇，幾乎就等於承認自己永遠不可能成為市場領導者；就定義來看，你等於限制了自己的組織可能的成長空間。過去有個廣告：「艾維斯租車——我們會更努力」，這廣告是非常動人，但這也等於把自己放在另一個更強大的租車品牌的後面。

比較好的方式是將自己定義為市場領導者，不管這個「市場」有多小。以我們虛擬的公司為例，它就是「有趣、互動式運動設備的領導廠商」。如果你要開設一個辦公用品公司，你的定位可以是「我們是大街辦公用品的第一名。」你永遠可以從這個地方開始擴展。（記得，永遠要使用肯定句，例如「我們會成為……」，而不要使用「我們希望成為……」這一類的期望語氣）

你要怎麼決定這個定位？當然，最好的方法就是使用BPT。

每當你要從一大堆的選項中作確認或選擇之時，BPT都是最好的方法。

　　一旦決定好自己的定位之後，你就需要經常使用這個定位，並且清楚表達。將「我們是大街辦公用品的第一名」這句話放在你的名片上、文具上、文宣品、電子郵件的簽名檔等等；營運計畫的封面也別忘了放上這句話。在你有機會的時候，盡可能重複這一句話。

　　奇異電子前任執行長傑克・威爾許（Jack Welch）在談到「如何與他人溝通公司的願景」時說道：「你必須重複同樣的話，不斷、不斷地重複。」的確如此。你的訊息不會在第一、第二、第三、或可能不到第十次的次數裡滲透進去，不管你的對象是客戶還是員工。人們每天都被無數的訊息轟炸，你很難期望自己的訊息會在第一次就被人們接收進去。

　　這是你必須不斷重複定位宣言的理由之一；另外一個理由則是：大家常會誤以為這些聽眾們已經很瞭解這家公司，其實不然。如果你真的這麼認為，當你重複地說明你的定位時，你會覺得自己不斷在重複；但事實上，對方可能根本沒把你說的話仔細聽進去。當你在跟員工講的時候，狀況也一樣。

　　對於定位，我最後再提出兩點看法：

　　第一點，你自己就是訊息本身。我聽過無數的人們以這樣的模式開始一家新公司：「當然，我們會做一些顧問工作，直到我們完全上軌道為止。」而最後這些都成了不怎麼樣的顧問公司，沒有一個例外。如果你承諾要做某件事情，你就必須要真正做到；如果人們看到你把時間分在兩個或更多的點子上，他們會弄不清楚你到底想要做的是什麼，當然也不會花自己時間去想：你到底要做的是這

個還是那個。

如果你要在既有組織內創立新事業，該注意的事項與上面所述完全一樣。如果你將時間分在新事業以及過去固定的工作上，結果很有可能是兩邊都沒做好。你要不就全心全力投入新事業，要不就根本不要碰。

第二點，當你的公司規模越來越大之時，你還是必須要持續聚焦。確認你公司在市場上所代表的意義（也就是你的定位）沒有偏離正軌。在決定你希望公司做什麼、不做什麼的時候，勢必經歷一番困難的掙扎才得以做出決定。這雖然很難，卻是一個值得擁有的好問題，因為這代表你已經成功了。你一旦成為市場領導者，做到你在定位當中的陳述，接下來就可以擴大你的使命。不過在這一天來臨之前，請持續做好聚焦。

現在，我們很快地討論其他幾個P，我想提出幾個重點，讓各位去思考，並指出過去對我最有效以及沒有效果的一些方法。

產品

你有什麼東西？

為什麼人們需要你的這個東西？

在你營運計畫中關於產品的部份，需要能回答上述兩個問題。

同樣的，使用 BPT 來找出你究竟該創造出什麼樣的產品。假設你的公司（前面所舉例的興奮運動公司）決定要創造一種運動腳踏車，可以讓使用者參與法國自行車公開賽以及其他大型賽事。這一點很棒，但就產品的部份來說，這還沒有結束。你可使用BPT來

找出這樣的產品要具備哪些明確的特徵。以上例來說，你要找出的是：「腳踏車上有擋風鏡嗎？特別的鞋子？耳機？避震器？有水壓能讓腳踏車爬坡、或下坡；從這一邊到那一邊？」簡單來說，你要提供哪些產品特徵？使用 BPT 技術，把這些特徵找出來。

當你實際製造出產品之後，看來應該跟 BPT 中的版本相差不遠。

關於這一點，說的比做的還容易。當產品有問題的時候（產品總會有問題），通常是因為人們想要在產品上儘可能修正到完美境界，這一點絕對是錯誤的。你第一版的產品應該做到「能回應市場需求」就夠了，之後你可以再慢慢調整修正。絕對要在營運計畫當中把所有可能的增強版（也就是你的市場「可能需要」的特性）都列出來；但第一版的產品應把焦點放在潛在客戶「真正需要」的那幾點上面即可。因為，人們會購買他們真正需要的東西。

但軟體業通常不瞭解這一點。有個關於軟體升級版的老笑話正可說明這一點：

第一版：公司在錢燒光之前匆忙趕出來的軟體。

第二版：公司為了避免被告，不得不推出的軟體。這裡面包含了原本承諾在第一版要提供的所有功能。

第三版：當公司瀕臨破產邊緣時所研發的軟體。

軟體人看了一定會會心一笑，而這的確是真實情況。設計出一個包含顧客所有「需要」功能的產品，絕對不會產生任何笑話，而且可以讓更多軟體公司在業界存活下去。記住，你第一版的產品必須要非常好，但不需要百分之百完美；同時也不需要包含「所有」的功能（市場反應自會告訴你要增加或改善哪些功能），但至少要

能差不多滿足消費者的基本需求。

【其他可能的產品問題】

在設計產品時還可能遇到兩個問題。讓我們再以前述的運動公司為例，說明這兩個問題以及如何處理。

你的公司剛開張營業，業績比你預期的還要慢，而你的少數客戶之一提到他真的希望能跟你合作，搭配你的設備一起銷售一系列的服飾。因此，你匆匆忙忙地跳入瞭解服飾這一行。

這種情形常常會發生。人們總是會追逐短期的生意，卻沒發現這些交易將他們拖離了核心策略。我過去也跟其他人一樣犯下這種錯誤。

我們在第一家公司── ICC 時，就苦於產品無法聚焦。我們擁有的產品數目一度比員工還多（當時產品三百多種；而員工只有兩百五十名）。我們有將近90％的業務來自5％的產品，這在一般公司也是司空見慣的。

因此，在我後來所參與的大部份公司當中，我都會注意謹守我們規劃要做到的事情──時時保持聚焦。以前述的情境為例，我們會說：「我們的策略是要成為全球最大的互動式運動設備公司，而提供服飾並不符合我們此刻的策略。在我們成為這一運動產業的領導者之後，或許可以考慮增加服飾產品，但絕不是現在該思考的業務。現在我們不會浪費時間在那上面。」即使銷售成績不如預期，也應該拒絕這樣的生意。

我知道這一點很難，尤其當你在新創公司或既有組織內掙扎，或是時機不好而你希望立即有些成效之時。但同樣的，此事關乎

「聚焦」與否。

　　另外一個問題比較基礎。當你的規模越來越大之時，你可能忘記你試著要接觸到哪些人。你需要時時將焦點鎖定在你的目標對象上，並且試著滿足其需求。如果你面對的是一群對價格敏感的顧客，而你引進了一個高檔產品，這樣就沒有符合客戶需求。當然，你會想要增加公司利潤，所以想試著推出高單價的產品，但如果那不是你的核心市場所能接受的，此舉只是在浪費大家的時間而已。

促銷

　　促銷是真正的行銷溝通。

　　促銷是一個大主題，一般人在大學時都花了相當多的時間學習此一主題。此處，我們只針對與策略較一致的幾個普遍促銷方式，簡要作一說明。

【廣告】

　　我認為自己從行銷溝通學到的最大啟示就是：每個人都是消費者。科技公司（尤其是針對企業客戶業務的科技公司）很容易被「速度與供給」（speeds and feeds）所困：也就是產品完成某項任務（如傳送數據、列印資料等）的「速度」有多快；另一則是提供極好的功能（「供給」）。把這些速度以及供給放到技術文件裡就好了，你的潛在客戶都是大忙人，他們根本不關心你產品的內部結構究竟是如何；他們只關心你如何為其問題找到解答。這也是你的廣告必須要處理的。

你的潛在客戶是感性的。他們希望在自己的工作上成為英雄；他們希望能打擊競爭對手、並且為公司省下一大筆錢。你需要解決他們的問題，並且在你的廣告中呼應他們的感情。你不需要在廣告中告訴它們，你會「如何」做到這些；唯一需要傳遞出去的訊息就是：你「會」這麼做，這樣就夠了。

這是一般的背景說明。談到廣告本身之時，你必須要瞭解所有可行的選項。你要在哪裡刊登廣告？使用什麼媒體？在那個媒體裡，你要使用哪個廣告通路？如果你要使用印刷的方式，哪一種出版物最能吸引你的目標市場？如果你在網際網路上刊登廣告，哪個網站最能吸引你最想要的顧客群？

在確認上述選項之後，接著要決定如何接觸目標市場最好。容我稍微多說一點：如果我的顧客都在歌劇院，我會想要在古典音樂電台播放廣告；如果我的產品是針對通勤族，我就要在交通顛峰時間購買廣播的廣告時段。如果他們喝大量的啤酒，那麼我就應該贊助濕T恤比賽。你做的每件事都應該高度聚焦，善用你的有限資源。

在行銷裡，將你的訊息集中在高度定義的市場，而非「所有人」或聽天由命，這樣總是比較好的。我們發現，廣告並不能幫你銷售產品，只能協助建立品牌的認知，而這有助於產品的銷售。我們可是經過一番慘痛教訓之後，才學到這一點的。

當我們剛從學校畢業，嘗試成立 ICC 時，對廣告可是一竅不

通。我們的第一項產品 Intercom 是將個人電腦跟 Burroughs 主機連結在一起的設備。當時這項產品快要完成，我們深信每個公司都需要這項產品，而我們需要做的，就是確認業務已在知名的貿易出版物上刊登廣告，讓每個人知道「過去的擔心即將煙消雲散了」。我們相信：「一招鮮，吃遍天」。

我們的客戶一定走錯路了。我們刊登了廣告，接著就坐著等訂單源源不絕進來。結果根本沒有人打電話來，一個都沒有。我們幾乎花光所有的錢，坐等電話響起。我不知道一直盯著水壺可不可以讓水煮沸（我沒試過）；但我可以跟你保證，一直盯著電話是絕對沒辦法讓它響起的。

當我們一開始成立之時，我認為酷炫「科技」本身就會吸引客戶上門；現在我知道，真正把東西「賣出去」才算是銷售成功。

最後，我們買了潛在客戶的名單，在接下來幾個禮拜，我們打了許多電話推銷產品，最後終於得到一些訂單。從那一天開始，我就不曾低估銷售的重要性。後來，當我協助 ISS 成立時，我更將大部份的時間花在銷售之上。

從這裡得到的啟示是什麼？

廣告會幫你打開大門，但不會幫你簽下訂單。

【公關】

公關在這些年來，逐漸出現在許多公司的雷達掃瞄螢幕上。在 DoubleClick，要取得公關是非常容易的。我們是大趨勢（網際網路）當中的一部份。我敢打賭我們的公關是史上所有B2B公司當中最多的。這絕大部份跟我們處於網際網路浪潮之前有關。對許多

媒體通路而言，我們代表了未來整體會走的方向。因此，當媒體想要製作一個關於這個新興網際網路的專題時，都會想到報導我們公司。

但你在公關上會遇到一個問題：當你的可見度越高，就越容易成為他人攻擊的對象。以我們自己為例，我們就在個人隱私權的議題上遭受攻擊。當人們想到在網路上處理使用者資訊的網路公司時，第一個想到的就是我們。有些人會害怕被「老大哥」監督，因為我們的技術可以追蹤哪些人匿名上了哪些網站；有些人擔心這種資訊可能會被濫用、誤用。人們混淆了這個議題，他們談的是有多少資料已經可以取得、以及這些資料如何會被誤用，但是事實跟他們的推論相差甚遠；不過，既然我們是領導者，所有的注意力當然都會集中在我們身上。

這是一個多棒的位置啊！你絕對會想要成為市場領導者的。隱私權的議題對我們的品牌並沒有造成太長期的傷害，當人們開始寫到隱私權的問題時，我們已經建立非常堅強的品牌形象了。我們跟有這些顧慮的團體一起合作，現在我們被視為妥善處理隱私權責任的優良企業代表。

我認為公關是讓你的點子廣為人知的一個好方法，但如果你以為人們因為你告訴他們這是個好點子，就會爭相報導你的故事，那就太過天真了。人們總以為每個人（尤其是記者）都想要聽他們的故事，但事實上並非如此。

你永遠沒辦法從發佈的新聞稿當中得到一個故事。新聞稿是要讓全世界知道你有某個東西（最好是重要的），所以發佈新聞在網際網路時代是非常理想的：想想看，你想把宣告的訊息傳送到每個

人位於雅虎或 AOL 的電子郵件信箱當中，在此同時這訊息已經寄到他們信箱了。但是，如果要讓人願意撰寫你公司的故事，你需要一個「鉤」，鉤住記者的注意力。

「採用負面說法」是一個好的切入角度。媒體超愛負面角度的報導。以 Flexplay 來說，可以使用「這個產品將會讓既有的公司，包括每個電影出租店、從街坊小店到全國連鎖的錄影帶店通通關門大吉。」

但這種方法的唯一問題是：這一定會攻擊到你自己。就像童子軍一樣，你需要未雨綢繆及早準備。以 Flexplay 為例，最明顯的顧慮就是這項產品是看完即丟的，因此我們必須做好準備，可能會因為引起垃圾掩埋問題而受到攻擊。所以在這之前我們做過研究，當不需拿錄影帶回去歸還所省下來的「能量」，可以抵銷丟掉那項產品所流失的能量，甚至還綽綽有餘。因此，你買 Flexplay 的 DVD 事實上是有助環保的呢。

【品牌】

品牌可以只代表一件事；可以被定位在某個人的腦中，具備單一的意義。而高階主管通常會過於擴展他們的品牌，這很少會有好成果的。你應該定義出公司所代表的單一意義，不管與客戶以任何形式互動時，都不斷重複這個訊息。

許多公司，尤其是直接銷售給終端客戶的公司（也就是我們現在所稱的 B2C（企業對終端使用者）公司）通常把「品牌」跟「品牌認知」搞混了。他們以為，如果你可以讓一大堆人想到你，就等於創造了一個偉大的品牌。事實並非如此。你只是創造了相當棒

的「品牌認知」而已,也就是讓人們能夠回想起你公司或品牌的名稱。「品牌」是承諾要讓消費者對該產品或公司具備某種認知,而且真正落實於行動。

你可以比較 Jack in the Box 跟麥當勞,就可以知道其中的差別。這兩家公司都有相當高的品牌認知,也就是說,大部份的人都聽過這兩個品牌。但在麥當勞裡,你非常清楚知道會在此及時得到同樣品質的食物、環境也非常清潔,不管你進入的是麥當勞位於全球哪一個地方的分點。關於 Jack in the Box,你可以具體的說出什麼嗎?

麥當勞擁有卓越品牌,而 Jack in the Box 充其量就是擁有相當高的品牌認知而已。

網際網路公司花十億多美元在電視廣告上,以期發展品牌認知;但當消費者到網站上購物後,卻收到錯誤的產品、或在聖誕節過後才收到玩具、或是扣款有誤。這些花大錢要讓大家知道他們名字的公司,並沒有展現出他們對於品牌的承諾。

建立一個偉大的品牌跟廣告沒有什麼關係;而是要不斷地傳遞出具有品質的產品以及服務。因此,你的品牌決定於有多少客戶信任你的公司。

一般來說,技術市場通常對品牌賦予極低的價值,這實在是一個錯誤。因為每個人,即使是埋頭讀書、從不參加娛樂活動的電腦高手,也都是消費者。不管你是經營B2C(企業對消費者)的公司、或是 B2B(企業對企業)的公司皆是如此。

　　現在，我們可以討論你公司的名字是不是真的重要。如果你是企業對企業的業務型態，公司名稱就比較不重要。創辦人通常會希望取一個具有某種含義的名字，而且跟銷售的東西有些關連。我不認為這一點很重要。思科（Cisco）是什麼意思？DoubleClick 應該要代表某個意思，但沒有人記得是什麼。這是一個吸引人的名字，但名字本身並不是那麼重要，就只是一個品牌名稱而已。

　　品牌直接由你「如何定位你的公司」而產生。

　　當你要促銷產品時，可能的選擇有非常多，請使用 BPT 來找出你所有的可能選項，接著再行篩選，鎖定其中少數幾項，將你的促銷經費集中花在那幾個選項之上。

定價

　　根據銷售的產品不同，你對於自己要收費的產品或服務也會有不同程度的控制權。如果你要提供的東西，在別處也可以獲得，那麼你跟銷售玉米穗的農夫沒什麼兩樣、你所擁有的是一項「商品」，你能由這項「商品」取得的價格，就是該商品在那個時點的公定價格；所以是玉米市場決定你產品的價格，而不是你自己。

　　很顯然的，你不會想要成為一種商品。甲骨文（Oracle）跟昇陽（Sun）提供大多數公司需要的重要硬體，因此它們可以索取高價。如果你製造軟碟，跟其他製造軟碟的人沒有什麼兩樣，那麼你只能以市場上一般的行情作為定價。（此處我可能有一點落伍，我不確定你現在能不能買到5 1/4吋的軟碟了）

　　在ISS，我們刻意將自己定位為高價值產品。在市場上已經

有一種免費的公共領域版本安全掃瞄軟體——Satan。但是我們認為,大型組織(尤其是金融機構)對於安全缺口的目標是追求「零」風險,因此會願意花相當的金錢購買高價值的產品,協助它們掃瞄所有可能的安全問題。我們並不是以產品個別的性能為基礎來銷售的,而是將焦點放在以下這項事實之上:只要有一個安全的漏洞,就足以毀掉組織電腦裡所有的資訊了。

像甲骨文、昇陽或 ISS 這一類的公司是相對稀少的。在大部份的狀況裡,市場會協助你決定出你的定價。但這並不代表你是把產品丟出來,然後不管結果如何都要承擔下來。有無數的網際網路服務提供者,他們接受市場上對於取得其服務所願意付出的價格是「零」,也就是大家願意「免費」使用其服務,因此希望透過廣告營收來貼補這部份的差額。但這種想法是錯誤的,廣告營收永遠無法彌補另一部份的短缺,現在這些公司也都關門大吉了。

【價格區隔】

如果可能,請試著區隔市場,將你在每一區隔裡所能獲得的極大化。航空業是市場區隔發揮效果的最好例證。紐約到洛杉磯的123航班上,每個經濟艙座位都是一樣的,但因為航空業非常善於區隔,可能有個坐在18A的人在六十天前買票、並同意在週末晚上過夜,結果買的票價是200元;而坐在 18B 的人在最後一秒在櫃臺買票,他買的票價是1,200元。這就是將市場區隔極大化的好例子!

關於定價,我還想強調以下兩點:

第一點:定價一定要讓顧客可以很容易瞭解。我看過太多企

業想要在定價裡榨取顧客最後一滴的價值。這沒關係，但你可能需要跟相當廣泛的客戶群做生意，尤其在一個針對企業客戶開發的環境之下。你銷售的對象，可能從兩人商店到有上千名員工的公司都有。如果你嘗試要建立一個定價結構，協助你跟市場上不同區隔的客戶往來，你最後所得到的這個架構可能是不太容易瞭解的。因此，請將定價結構訂的越簡單越好。人們喜歡購買容易瞭解的東西。

第二點：你做生意是為了要繼續生存下去。你的定價必須要能反應讓你繼續營運下去所需的成本。你必須要賺錢才能繼續營運下去，「賠本出售以求市場佔有率」的想法並不可取。賠本出售的人們等於是用其投資人的錢來彌補差額，並且等到獲取相當的市場佔有率之時，就要把價格提高。這是非常危險的策略，要人們花大錢購買曾經很便宜、甚至免費的東西，是非常困難的。

在 ISS 以及 DoubleClick，我們都以長期觀點來進行定價，因此我們可以建立起一個成功的事業。在這兩家公司的市場中，都有低價競爭者跟我們打價格戰。要降低價格以避免損失某個生意，這聽來非常誘人，但我們還是維持著一貫的紀律。幾年之後，低價競爭者不支關門了，而它們的客戶都被我們接收了。

通路

關於業務，我再說明另外一點：

我討厭說「絕不」這個詞，但你絕不應該嘗試將產品銷售給所有人。鎖定每個活口、以及每個營業中的公司，這不能算是一種策

略。很多人說它們鎖定以上兩者，但當你在進一步瞭解之後，你發現它們是因為天生缺乏作決策的能力，才會有上述結論。它們的理論是：「如果我們選擇所有東西，那絕對錯不了啦！」正好相反，是錯得更離譜，因為你沒有聚焦，最終將會為太多人做太多事，最後一事無成。再次強調：請聚焦！

你必須要從一個基本的點子開始，並且瞭解你要鎖定的目標市場是哪些。你要是能對上述兩者越明確，績效就會越好。舉例來說，許多公司說它們要鎖定目標在 XYZ 產業，這樣很好；但更好的方式是說：「我們的目標只鎖定在 XYZ 產業內的大公司。」在我們前面提到的運動設備公司案例裡，我們可能決定要鎖定高檔健身俱樂部，而非大大小小各類俱樂部。

在瞭解要鎖定哪個市場之後，你需要決定最棒的銷售方法。以下簡單介紹幾種：

【電話行銷】

大部份經營業務組織或部門的人，都是由傳統的面對面銷售領域出身的。這些人對於電話行銷非常嫌惡，希望自己最好不要跟這種通路沾上邊。

可能是因為我在 ICC 有一次成功的經驗，我完全相信可以透過電話銷售任何產品或服務，這包括價值一百萬美元的套裝軟體。我之所以會相信，是因為我真的做到了。

不過，我瞭解懷疑論者的論點。我身處的組織裡，沒有一個是對電話行銷的概念沒有爭議的。而且非常諷刺的，業務人員通常是最反抗電話行銷的一群。

關於電話行銷的兩個最大的迷思是：

- 客戶需要跟業務人員有面對面的互動
- 只有單價低的產品才可能透過電話銷售

根據我自己在 ICC、ISS 以及 DoubleClick 的經驗，我們常在電話中銷售價值十萬美元，有些甚至超過一百萬美元的產品，完全跟客戶沒有面對面的接觸。這是千真萬確的。在DoubleClick，廣告業務的推廣是完全沒有面對面會議的。透過我自己第一手的經驗，我知道以上提到關於電話行銷的迷思，真的只是迷思而已。

一般來說，公司會有幾千個潛在客戶，他們散佈在全國各地。如果在五或十個業務最好的地理區域設立實體聯絡中心，或許有其道理的；實際拜訪具有百萬訂單潛力的客戶，可能也是有利潤的。因此，電話行銷非常適合用在跟較小型客戶的接觸，其中有許多可能會逐漸變成更大的客戶，屆時公司可能才足以負擔業務人員親身拜訪的成本。

我很喜歡電話行銷的另一點是：這項行銷工具可以不斷擴大。我們過去總是非常謹慎地追蹤人們達成其營收目標的進度。而且如果你有錢，可以不斷增加電話行銷人員，直到完全滲透市場。同時，你可以持續追蹤關鍵衡量指標，並固定淘汰績效不佳的人員。

事實上，業務溝通以及銷售都朝這個趨勢發展。基於某些實務理由，人們越來越少做面對面的銷售了。即使外部業務人員也可能只花其20%的時間在面對面與客戶交流；另外80%的生意則是透過電子郵件或電話完成的。當然，與客戶建立關係可能是關鍵所在，因此你可能需要親身拜訪你最大的客戶。但大部份的客戶，尤其是小或中型客戶，則可以透過電話得到更好的服務。為了維持獲利，

你可能只能拜訪有限的潛在客戶（例如五百到一千個）；或者需要限制你所能照顧到的地理區域範圍。但如果使用電話行銷，以上這些限制就通通都沒有了。

【合資與策略夥伴】

對我來說，合資跟全球化經營很像。

合資以及策略事業夥伴看來是非常熱門的，但這很少真的發生作用。人們認為他們以合資方式將會獲得相當高程度的成功，因為這種模式聽起來非常合理。你合作的公司會為你們的合作帶來它們的優勢，而你帶進你的優勢；就這樣，你帶著「1+1>2」的火力，開始競逐市場。這會造成相當轟動的新聞與知名度。問題是，雙方通常都會貢獻第三流的人才來進行這樣的合資事業，結果一事無成。

合資通常會失敗，是因為他們並不是雙方的核心任務。所以如果這個想法是非常核心的，你應該自己完成而非與他人合資。

我們在這方面的經驗有好有壞。我們在 DoubleClick 日本公司的合資運作得非常好，現在已在當地公開上市；而在西班牙、義大利的合資事業就沒那麼好，因為我們合作的夥伴對於公司的營運及籌資方式的意見相當分歧。

以下兩種理由才適合進行合資事業：第一，這位潛在夥伴所在領域對你的公司不是策略性關鍵的部份；第二，因為金錢或文化之故，要滲透入某個領域而不得不的作法。（例如進攻日本市場）

策略性夥伴關係也是我避之唯恐不及的。我知道這非常流行，尤其在技術導向的公司更是如此。這看起來，每家公司都有人掌管業務開發，因此彼此可以形成夥伴關係，讓它們看起來更大、並且比單獨行動的速度更快。但我發現策略夥伴關係這整件事都是假的。

我對業務發展的看法跟大部份的人都不一樣。我認為你已經有一個業務團隊、並且已妥善規劃了銷售的方式。在這樣的狀況之下，業務發展的人應該到外面去尋求較為整合的交易機會。或許他們可以一起銷售多元化的產品，或是你公司自營的私有品牌。

這種典型的運作方式並不合理。這其中有任何錢的交流嗎？如果有，那才會是我所認為真正的策略夥伴關係。

全球化經營也是我在初創階段不會考慮的事。你應該盡所有努力，先搶佔地方市場。當我們一開始成立 DoubleClick 的時候，有許多人來跟我們說：「我們想要跟你們合資，協助你們邁向國際。」我們則不斷地回答：「讓我們先以小規模犯錯，讓我們將可能做錯的事情地方化。」

另外兩個想法是：

早些決定你是否想要直接銷售，也就是透過你自己的業務團隊。這可能包括進線（inbound）與外撥（outbound）的電話行銷，只透過業務代表或經銷商銷售；或是兩者綜合。你知道其中各有利弊，我在此不再贅述。如果你使用自己的人，你可以控制所有事情，利潤也會比較高。而這樣做的缺點也非常明顯：你只能依照你對新人的訓練與掌握速度來成長。我認為你應該將非核心的業務委外處理，如果你能找到其他人做得更快、成本更低的話，而且將焦

點放在單一目標上的公司會做得比你還好。在 ICC，我們將所有製造外包出去；在 DCA，我們沒有外包，結果出現一個大問題：我們花了太多的時間，試著想要精通某件根本不是我們專長的事情。所以我們學到的教訓是：只要做你做得最好的事情，其餘的就請全部外包吧。

在 ISS 以及 DoubleClick，我們將所有的開發資源全都投注在核心產品上；至於其他部份，如果可能的話就直接買現成的商業軟體來使用。許多網際網路公司會發展所有自用的軟體，這最後都成了他們的致命傷。（最後完成的，通常是一個性能平庸、但成本奇高的產品）

跟這個相關的是採用 OEM 的問題，所謂 OEM 就是成為某一客戶的私有品牌供應商。你製造產品，最後貼上它們品牌的標籤。在 ICC，我們就跟優利（Unisys）締結 OEM 合作，在產品上放上它們的品牌名稱。

這非常吸引人，但其實這條路非常危險。就好的一面來說，你可以獲得保證的銷售量，銷貨成本將會降到最低；而壞消息呢？如果 OEM 客戶佔了你業務的大多數、甚至比重非常高，當它們跟你終止合作關係時，你將會遭遇非常嚴重的麻煩。

問題是：你願意放多少雞蛋在同一個籃子裡？在大部份的代工關係當中，沒有人知道那是你的產品。因此要將所有資源與優勢擴展到其他地方去，是困難的。

關於銷售，我想談的最後一點是：企業一旦開始運轉，請加入系統以便追蹤成功與損失。你一定會想追蹤你拜訪了哪些客戶、哪些最後變成了你的客戶。但更重要的是，追蹤你失去哪些生意

機會、以及你為什麼沒有爭取到這項業務。思考你為什麼輸給競爭者，這會給你許多啟示。

你會失去一些業務機會，因此，沒拿到一兩張訂單不是什麼世界末日。此外，你可能會在某筆交易上因為價格而輸給其他人、但在下一次又以較高的價格贏得訂單。你真正想要知道的，應該是你是否得到或失去市場佔有率。

你可能想投注相當大的注意力在你「為什麼沒拿到某筆訂單」這件事情上，而這對你來說可能並不容易面對，因為一般人通常都只想要聽好消息。卓越的組織會花很多時間在分析有贏取的交易之上。慶祝勝利是很棒的；但更重要的是，思考你為什麼會失去某筆生意機會。

分析你失敗的業務機會，檢視你輸給其他對手的原因，是否為以下兩點其中一項：

1. 競爭性產品（可能是銷售策略、價格或特性）

2. 業務人員的績效

最重要的一點，是要觀察其中的趨勢。舉例來說，如果你看到A競爭者在第一季贏了5%的案子；第二季贏了10%；第三季贏了20%，那麼你的問題就很大了。要找出其中的原因，你需要跟客戶談談，找出你為什麼沒能爭取到業務機會。如果是因為產品的特性不佳，請試著改善、增加特性；如果是因為業務人員不佳，就把人換掉。

> 慶祝勝利是非常棒的事情，但永遠要思考你為什麼會失去某個業務機會。是需要換人？系統？產品內容？如果你能由失敗當中學習，這個失去的業務最終將會變成對你有利。

再次強調，在銷售產品的方式上，你有很多選擇。使用BPT來找出這些選項，接著逐漸篩選到剩下少數幾個來努力。因此業務的努力也需要聚焦。

計畫的其他部份

完成了以上的幾個P之後，並不代表已經大功告成。你需要處理競爭、管理上所會面臨的風險、以及財務分析。這每一個變數都會給你機會，將你的事業更進一步聚焦。同樣的，附件中的DoubleClick 營運計畫會讓你詳細看到，如何處理這每一個元素。我們在此先針對每一個變數稍作介紹，就從你面對的競爭開始談起。

即使你建立的是一個全新的公司，在營運計畫中寫「我們沒有競爭者」將會是非常危險的事。如果你認為自己沒有任何競爭，可能的解釋有以下四種：

◆ 你太傲慢了。

◆ 你太愚蠢了。

◆ 你想欺騙他人。你根本沒有什麼產品，只是想要從投資人那裡騙點錢過來。

◆ 你創造的產品根本沒人要。

假設你的產品的確有人想要，你就一定會有競爭者；或者是很快會有競爭者。每個人（包含投資人、員工、供應商、以及每週報紙）都會想要知道，你打算怎麼處理現在以及未來的競爭。你必須要談的不只是主要的競爭者，還有那些可能暗中蠶食你市場的那些公司。

我們推出的群組軟體 OpenMind 可以讓許多人在同時針對某文件同時工作，這就是個最明顯的例子。我們沒預期到微軟會以一個名為 Exchange、尚未發表的產品來擾亂市場。傳言 Exchange 可以做到所有 Lotus Notes 及 OpenMind 所能做到的事情、而且更好。因此，我們的產品銷售額停滯不前，因為市場都在等微軟的產品推出，結果這個產品只不過是類似電子郵件軟體而已。

因此，你必須要小心處理所有事情。當你這樣做，你會更進一步精鍊你自己在市場上的地位。

有很多人會犯這樣的錯誤：他們將焦點放在競爭上，把競爭對手當作敵人一般。事實上，你的焦點不應該在這上面；而應該放在「如何促使顧客跟你購買」。有太多人花了太多時間，想要設法「殲滅」敵人，卻沒有花足夠的時間思考，如何贏得客戶的心。

【風險】

如果公司可能會面對某種法律上的風險,你必須在營運計畫書中誠實揭露。將你認為萬一被控訴時,將能讓你脫身的方法一一列出。

但是,寫下類似「世界可能會爆炸」或是在我們杜撰的運動公司案例中寫下「人們可能會演化到沒有手腳的形體」,這在策略方面並不能提供任何助益。

一個比較好的方法是使用 BPT,找出三個關鍵的策略風險。風險的規模由發生負面結果的「可能性」以及「嚴重程度」來界定。

當你運用 BPT 到前述運動設備公司的營運計畫時,你可能會發現兩個可能的問題:你可能會做錯決定,對於應該先推出哪一類型的設備(人們可能已經厭倦了腳踏車以及划船器);此外,你將焦點放在高消費階層健康俱樂部的決定也可能是錯的。但你也可能會發現一些驚喜;例如,公司面對的最大風險很可能是設備會壞掉這一事實。這些設備會被大量使用、而維修過少。

找出這個潛在風險可以強迫你:

◆ 重新評估設計。或許你會想增加腳踏車的技術元件、減少機械式元件,試著將可能的維修問題限定在某一範圍之內。

◆ 搭配服務合約一起銷售。

◆ 只透過地區性的經銷商銷售,以便能定期提供維修服務。

【你的管理團隊】

人們會想要知道誰會經營公司。在告訴他們的過程當中,你有機會可以確認自己是否有適當的人才來執行你的策略。舉例來說,

在興奮運動公司的例子裡，你很明顯會需要一個製造部門的主管，以及某個瞭解俱樂部市場的人。在你的營運計畫中，請附上所有資深管理團隊的個人簡歷。

【財務分析】

即使你的文件必須直接，你還是有很大的機會運用這些討論來設計你的策略。

在最基本的部份，你必須要提供的資訊可以降低到一個基本業務公式：「營收減費用等於利潤」。

但在討論「營收」之時，你有機會思考，你要面對的市場有多大；打入這個市場要多久的時間，以及你認為什麼時候算是飽和了。這樣的討論會提醒你，市場發展的速度通常會比大多數人預期的還要慢，但規模最終會比預估的還要大。

在「費用」的部份，你要思考將公司人才如何配置。以我們的運動設備公司為例，你要如何處理製造這一部份的工作？所有元素都要自己生產嗎？還是外包？或是部份自製、部份委外？這永遠能讓你考慮到那些許多公司都沒能瞭解的事情：定價並不是你能產生利潤的金額，而是市場願意支付多少錢購買的那個金額。

整合為一

關於五P及其他所有元素的練習，最棒的地方就是：當你完成這練習時，你已經建構好營運計畫的核心了。

你可以由 DoubleClick 的營運計畫書當中發現（如附錄），這

份計畫的主體包含了關於定位、產品、促銷、定價、通路以及競爭的摘要式討論；其中還應包含了對競爭、風險、管理團隊及最後的財務數字分析；最前面應該加上一個報告的摘要。

公開的營運計畫

在進入最後的摘要之前，我再很快地說明一點：每個員工都應該能取得你的營運計畫。如果你真的希望讓決策能在組織內貫徹到底，那麼人們需要知道他們能在哪些地方做出貢獻。而營運計畫可以大大幫助他們瞭解這些。

在DoubleClick，我們為每位雇用的員工（不管是德國的總機人員、或是紐約的財務長都不例外）安排一週的基礎新進訓練，主要目的是要他們瞭解公司的基礎策略。如果你是員工，你必須要瞭解我們做些什麼，你也必須要瞭解我們的策略：公司接下來打算怎麼走，並且知道自己在其中所要扮演的角色。我們的企業策略是這項訓練的核心部份。

事實上，這個點子是我在高中時代的想法。我恨歷史。我是說真的。這堂課看起來就是要我們記住一大堆隨機的日期。但我終於遇到一位歷史老師沒有這樣做。他花了相當多的時間解釋這些事情為什麼會發生；而不是在什麼時候發生。對他來說，瞭解「南北戰爭為什麼會發生」要比「這場戰爭發生於1861年到1865年」還要重要。我非常感謝這位老師使用這種方法，這是第一次讓我覺得自己還能學到一些歷史。

當我踏入工作領域之後，我將這種「把事情放到整個前後背景

當中」的想法帶進來。我想要確認每個人都瞭解，我們為什麼用這種方法做事情。沒錯，他們需要瞭解我們的成本以及自己明確的工作執掌；但我們做成決策的來龍去脈以及架構是最重要的。這就是一週新人訓練的功能所在。如果能知道自己所投身的組織到底想要做哪些事情、以及自己可以在哪些地方做出貢獻，大部份的人都會感激與肯定的。

　　這可以說是策略的一部份。

本章摘要

1. 使用BPT來找出所有的選項；接著鎖定少數幾個。說穿了，策略不過就是聚焦於少數幾件重要的事情、並且忽略其他事情；同時在你的營運計畫當中反應出來。請記住，集中焦點、集中焦點。在此，你要清楚向世界宣告你要做哪些事情，或許更重要的是，你不打算做哪些事情。

2. 告訴每個人你打算要怎麼做。在你的營運計畫當中，讓人們看出你打算用什麼方法來將你的點子落實成真。

3. 記住，這是一份帶有銷售目的的文件。你的確需要引誘對方，如果你沒有讓對方在讀完摘要時被深深吸引，他們可不會繼續看下去的。

4. 你的營運計畫應該依照以下綱要說明：

摘要

市場概述

定位

產品

促銷

定價

廣告

通路

競爭

風險

管理團隊

財務分析

第五章
如何籌錢

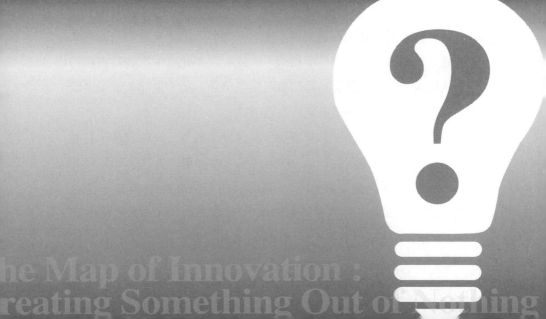

金錢雖然只是一張張小紙，卻承載著相當的重量。

——「金錢之愛」，The O'Jays

在獲得必要的資金來將你的點子轉化為現實的過程中，有一個非常大的弔詭之處：當你不需要錢的時候，每個人都希望給你一些；但當你真的需要之時，沒有人會給你一毛錢。

關於這個弔詭之處的解答是：千萬不要讓自己陷入「需要錢」的境地。（或者，至少不要表現的讓人家知道你有多麼渴望金錢）

當然，此處的問題在於，我們當中很少有人會握有所需資金而開始一家公司；或者在既有組織裡有無限的預算可供創新、揮霍。既然事實如此，讓我們談談，你可以如何籌到資金，協助你將點子化為真實。

在既有組織內籌資

新創公司的流程在每個例子中大多類似；但要在既有公司內拿到錢，每家公司的作法各不相同。因此，我在此處會以較為廣義的方式說明，但先讓我討論兩個最可能的情形：第一是你希望擴展既有的產品線；另一則是希望進入新市場。

在這兩種狀況下，你都需要跟其他同事競爭公司的預算。有些人會贏（並且獲得資金）；有些人會輸（拿不到錢）

大部份的大型組織都有一個綜合的方法來檢視專案，並且為專案挹注資金。他們會運用類似內部報酬率（Internal rate of return,IRR）或是淨現值（net present value,NPV）的評估指標。解

釋如何計算這些公式已超越本書的範圍，同時也不是我的專長所在。

　　基本上，公司的錢投資在誰的專案上，誰就要負責產出預期的報酬。如果有人可以承諾不只達成最低期望報酬、而是所有評估專案選項中的最佳報酬，將最有機會拿到公司的資金。

　　一般來說，我認為這個方法以及這些衡量標準都是垃圾。當然，對於一個明顯的產品線擴張，你可以產生一些相當準確的數字；但對於任何重大創新，你很可能會用量化標準分析一些不可量化的事物。這就是大部份創投公司（Venture Capitalists,VCs）在對新創公司的投資評估會忽略這類分析的原因。透過Excel試算表，你很容易就可以擺進多個變數，但變數都只是假設而已。

　　如果你的公司使用一個內部報酬率的方法，藉此評估哪些專案可以獲得資金，那麼你可以怎麼作？你可以多買幾本我這本書，並且送給資金審議委員會（公司幾乎一定會有個審議委員會），告訴他們，他們的方法是垃圾，因為凱文‧歐康納這樣說。但是，你一定會輸，因為我並不在麥肯錫工作、也沒有哈佛商學院的 MBA 學歷。（這太多餘了嗎？）

　　或者你也可以玩這場遊戲。你最好知道公司要求的最低 IRR/NPV是多少。此外，你最好知道你要跟哪些人競爭、以及他們的Excel 技術有多高超。

　　如果你創造出的產品，是某個既有產品線的合理延伸，那麼你相當有機會從那個利潤中心拿到資金。此處的挑戰在於，這個錢必然來自於一個比較老、高度獲利的產品。在這樣的小組當中的人，可能不會希望資助你的新產品計畫，但最終得不到任何利益。

此處必然會產生高度的政治角力。確認你能由那個小組的資深主管那裡得到支持。否則，你要不就是得不到資金；要不然就是處境危險。

如果你要在公司傳統市場之外開展，那麼請強烈敦促公司，將這個創新計畫視為一個新創公司。爭取你自己的預算、專職人力、你自己的辦公地點等等。

這剛好讓我們開始討論新創公司在籌資時所會面臨的問題。

籌資設立新創公司

如果你正要開始籌資，你很可能沒辦法一次獲得所需的所有資金。你可能必須要經歷好幾個階段來募集資金，這要視你的計畫有多大膽、或多失敗而定。

一般來說，在籌措資金上，大致可以分為以下三類：

◆ 早期階段：從親朋好友開始募集資金

◆ 後期階段：專業投資人進入

◆ 公開募資：例如公開上市

在這個流程的每一個步驟當中，都請記住這句話，這是在籌資建立你自己事業的過程中，最重要的一句格言：請籌到你認為你所需金額的兩倍或三倍。

以下兩個原因是創業者通常沒有做到這一點的原因：

1. 他們過於樂觀

2. 他們貪心

因為他們樂觀，所以成立公司的人們很容易募得所需的最低金

額，並且深信自己在公司更具有價值時，絕對能夠再次募得資金。（他們估計可以讓投資人花更多錢、買公司更小的一部份）

這又牽涉到我們前面談到的第二個理由：創業者永遠不會想要跟他們的股權分離。他們很少會自願帶入外部投資人。

這兩種特性的問題很明顯，但總是被遺忘。如果你沒有準備多一點的錢，你可能會發現，當你飢渴地希望資本市場敞開大門之時，它們可能關閉了。如果你開始儲藏股權，而沒有在必要時出售部份股權給外部投資人，你將永遠無法讓你的事業有所成長。更有可能發生的狀況是，你可能在亟需要錢的時候嘗試募資，而在你需要的時候，人們不見得願意提供資金給你。

為了避免這些問題，讓我假設你心中有簡單的公式：

100% × 0元＝0元。

換句話說，你在一家「沒有價值」的公司中擁有多少股票並不重要；你要讓你的公司有價值。而唯有以下兩種情形可以做到這一點的：

1.帶入能協助公司成長的外部投資人

2.很早就將外部投資人帶進公司

這樣做還有兩個原因。世上沒有一個營運計畫可以預期到你所有要面對的問題，此時就不是「如果面對問題該怎麼辦」；而是問題在什麼時候會發生、情況會有多糟。當壞時機來臨之時，你會希望公司帳戶裡有更多資金可供立即靈活的運用。你還有可能面對一些獨特的機會，需要現在立即投入資金。但不管是哪一種情況，你都會需要在手邊有些金錢。

我不能開始告訴你，所有在2000、2001年資本市場突然關閉

時，那些網路公司如何燒光所有錢的這類可憐故事。在過去好些年當中，任何網際網路公司可以在任何時間籌得它所需要的資金，不管金額是多少都沒問題。結果，開創這些公司的人認為籌錢這件事再簡單不過；因此在每次需要錢時，都只會籌一點點的資金，認為自己公司的評價一定會持續攀升。認為未來籌資時，可以籌得更多、但釋出更少的股權。但事實卻往往不如預期。

他們經歷了慘痛的教訓之後，終於認清了這類趨勢並不是永無止境地持續下去。當趨勢轉彎時，他們就從懸崖上墜落。記得亞當・史密斯說：資本市場是理性的，他錯了。

當我在撰寫這些的當口，資本市場的大門深鎖。公司被迫以低於其現金價值的方式轉手出售。我們見過沒有營運模式、但卻被評價有十億身價的公司；也經歷過一塊錢沒有一塊錢價格的市場。因此，請千萬千萬不要假設市場是理性的，請依此認知來籌措你的資金。

資本市場開開關關，當你最需要錢的時候，市場可能會關閉；你也不會知道市場何時會重新開啟。正是因為這個原因，我們在 DoubleClick 相對早期的時候就公開上市。我們在這個領域裡不到四年，但人們希望我們在1998年時公開上市。這是對的決策。當時市場上還能籌到錢。

當你沒有錢的時候，你會變得絕望；而其他人會嗅得出這種氛圍。人們討厭絕望的人；他們不會想要挹注資金給這種人，要不就會要求很高的報酬。

當人們想要給你錢的時候，請接受吧。不要擔心你在出售股份之後，自己還剩多少股權。記住我們的公式：100% X 0元＝0元。

你不是出售自己擁有的一切；如果你成功，你所擁有的任何一點點權益都將會值更多錢。你唯一該在意的，是在你每次籌資時，每股價值究竟是增加或減少。

【籌資的初期階段】

在最完美的狀況下，你使用別人的錢來讓你的點子化為現實。你保有公司大部份的股權，你沒有個人的財務風險，同時有一份健康的薪水。

這的確是超完美境界，但現實世界通常不是如此。事實是：你一旦發展出一個點子（請見第二、第三章），你需要某些人來挹注資金；至少在一開始時，這個某些人會是你自己以外的其他創辦者（如果有的話）。

你必須要盡可能放越多的錢越好。如果你很年輕，正開始創立自己的事業，這可能代表你要對所有事情冒險（但並不會很多）。如果你已經三、四十歲，有幾個小孩以及貸款要付，沒有人會期望你危及任何你所擁有的東西；如果你真的這樣做，反而會被認為是個傻瓜，而我也不會想投資你的公司。

投資人不會要求有家庭的人將所有資產都投入冒險，一部份的原因純粹是基於人性。但這只是一部份的解釋；其中還有商業上的理由。你不會希望創辦者把所有東西都放在火線上，因為這可能會麻痺其管理技能。每次他們要做出決定時，他們會懷疑，如果做錯決定是不是會讓他們賠上房子、或是小孩上大學的基金。

但即使我不會指望他們典當所有的東西，我的確期望他們對此親身參與投入。這代表你必須要投入對你而言相當大量的金錢於

此。因為如果你不願意投資在自己所做的事情上，你怎能期望其他人投資在這些事情上呢？

此外，創辦者在一開始時，可能無法從事業當中拿到太多錢。因為如果他們這樣做，投資人會認為創辦者「沒有信心」。因此你在一開始時，必須無償（或幾乎無償）地投入這項事業之中。在我第一年創辦ICC時，我大賺了6千美元，這讓我身處在貧窮線之下。（這沒有關係。我對我們所有的百分之百投入；此外，要活下去只需要燉豆子跟啤酒就夠了）

對此，請記住以下這一點：投資人和創辦人就像是火腿蛋早餐，雞（投資人）是參與者；但豬（你）可是奉獻出身體的一部份。

這種狀況不會永久持續下去。一旦公司成長、經營妥善之後，投資者有時會力促創辦者將一些錢拿走。如此，創辦者至少可由投資中拿回可觀的報酬；此舉也會去除某些壓力（此時他們還是在經營公司），如此他們可以對這份事業出更好的決策。但這不是現在，在早期的階段，你一定會被困住，接受這一點，把它當成既定的事實吧。

空有絕妙點子、卻沒有企業歷史來鼓舞傳統的投資者，沒有什麼比這更令人挫敗。如果你的情形正是如此，你一開始可能要考慮由自己、家人以及親朋好友籌資。

【朋友就是要這樣】

在耗盡自己所有資源之後，你會轉向親朋好友求助。最理想的狀況是，你有很多有錢的朋友，或是你來自於一個富裕的家庭。當

我們在1983年創立 ICC 時，創投這種公司在俄亥俄州、辛辛那提是從未聽過的玩意兒。而且我們並非出身富裕家庭。結果我們只找到兩萬五千元的資金：其中一萬兩千五百元是我父母的錢；另外一萬兩千五百元則來自另一位共同創辦人——比爾‧米勒的父母親。

　　讓我強調一下，在跟家人或朋友籌資時所要注意的事情：如果對方無法承受輸掉這筆錢，千萬不要拿他們的錢。拿他們的錢是不對的。但我們的父母可以負擔得起洗個兩萬五千元的澡，雖然他們不會對此感到開心。幸運的是，ICC 成了絕佳的投資。他們的一萬兩千五百元，變成價值一百萬美元的股票。最後他們非常開心當初做了這個支持我們的決定。

　　有些人反對跟家人或朋友籌資，其兩個基本的論點是：你不會想把生意跟娛樂混在一起；此外，如果你輸掉了朋友的錢，他們就再也不是你的朋友了。

　　這聽起來非常合理，但非常時機必須使用非常手段。當你開始一家公司時，你是非常渴望金錢的（記住，請不要展現出你的「飢渴」程度）。你會去找那些你知道有點錢的人；而在最開始的時候，這些人可能是你的家人及朋友。此外，如果你為他們產生相當大的報酬，他們絕對會更加喜歡你。而且你絕對無法想像他們會有多喜歡你。

　　當你向親朋好友募資，要他們協助成立你的公司時，最好將這個當作是一種投資而非借款。

　　沒錯，開口要錢是非常困難的，但有件事對你很有利：人們喜歡投資新公司。因為他們聽過許多故事，一家庭成員投入一萬塊幫助 XYZ 公司成立，而那一萬塊的投資現在價值一筆不菲的財富，因此人人都想參與這種機會。如果你真的非常幸運，如果你不找他們投資，他們還會認為是一種侮辱呢。

　　當你向投資人募資之時，即使他們是你的家人或朋友，你也必須在每一輪的募資行動中，給每個人同樣的條件說明。

　　很多人相信你應該從投資人身上擠出越多錢越好，但我可不這麼認為。我總是試著要給所有投資人一個公平的交易。我認為你要努力的，應該是為投資人賺最多的錢。我不喜歡壓榨人；再說，如果你壓榨他們，當事情進展不順利時，他們可不會有太多善意產生，而且這樣的事情遲早會發生的。

　　好，你已經找到你新創事業所需的資金了。你的公司也不斷成長，你需要更多的錢，現在該怎麼辦？

【尋找天使】

　　一旦用完了家人與朋友的資源，你可以開始尋找天使。有許多成功的新創公司前例，再加上這幾年來看似幾百甚至幾千的人賣掉成功的私人公司，因此創造了無數的天使投資人。這些人投入自己的金錢給成長中的公司，希望能從中獲得比高於股票市場或其他投資工具的報酬。

　　天使大致可以分為以下兩類：

　　1. 對這個流程還是新手的人，大概會投資兩萬五千元左右。

　　2. 「專業天使」，這類投資人已經做過許多類似的交易，他們

可能會投資的金額在五萬到五十萬之間。

天使對創業者來說是非常棒的，因為他們具備金錢以及經驗。就跟大部份聰明的投資人一樣，天使們也傾向於投注於自己最熟悉的領域。他們會投資在自己瞭解最多的領域；將錢放在他們最能掌控發展趨勢的事業上。在零售業賺錢的人們，傾向於投資在零售業的新創事業；而從科技公司賺到錢的天使，則會傾向於支持其他的高科技公司。這就是我的情形。我距離自己的專業領域越遠，就越緊張。以前我做了一個錯誤的決定，投資於一個我完全不懂的公司（為牙醫用藥編寫桌上參考百科的公司）以及行業（出版業）。我損失了四萬元。諷刺的是，在這個過程中，我學到許多跟出版、廣告有關的事情，最終幫助我成立了 DoubleClick。所以我把這個經驗當作是花了四萬元的**MBA**學費！

幸運的是，在我投資的新創公司當中，有相當大的比例都有快樂結局。ScreamingMedia、HotJobs 以及 ISS 都是很好的例子，這也說明天使投資者可以在各種行業幫上忙時，會產生什麼樣的美好成果。

我不敢相信我自己這麼好運，在1995年初遇到克理斯・克勞斯，也就是 ISS 的創辦人。克理斯當時建置了一套非常清楚且詳盡的安全掃瞄產品，可以系統化地檢查上千台電腦之間、或公司網路設備上的安全易受威脅之處。那時他在成立這家公司時才二十歲，他為了追求這個理想，從喬治亞理工學院輟學。

當我初識克理斯時，ISS 只有他以及一個喬治亞理工學院的學生擔任兼職員工。但是，他的公司還是成功地完成了它的第一個產品：網際網路掃瞄者，並且將這項產品賣給十個大客戶，收益約兩

萬五千元。在進行謹慎實際查核之時,我訪問了這些原始的客戶,他們都非常喜歡這個產品;更令我印象深刻的是,克理斯光靠自己的錢就已經有這般成就了,所以之後我馬上就投資了,當然結果讓我們雙方都非常滿意。

天使的問題在於:他們通常都是兼差性質在作這些投資,因此要吸引他們的注意可能比較困難。事實上,要找到這些人還可能有一點難,因為他們不像創投一樣有組織。在許多城市裡,你可以找到一個天使的非正式網路,偶爾聚會並分享一些想法。

在最理想的狀況下,你策略性地接觸天使,尋找那些能提供金錢以及忠告的天使,他們將會扮演類似董事會以及顧問的角色。但這並不一定能實現,所以退而求其次,最起碼希望他們給你錢。

你的顧客或潛在顧客可能扮演天使或創投嗎?有可能。有時候,在你完成業務簡報之後;桌子對面的人可能會說:「這聽起來真的很棒,我們也希望能投資。」但大部份的公司成立不是為了投資。從顧客的觀點,觀賞了一場業務簡報、接著決定投資,並不會留下真正溫暖及模糊的感覺。如果顧客決定要投資,那很棒;但不要指望這種事情發生。

在我們繼續下去之前,我再說明另一種取得資金的替代方案。

有時候,潛在創業者試著從育成中心發展一個新的點子。這種育成中心通常由大學或一群創業者所設立的,專為孵育中的公司提供行政支持服務。我認為這是一種有缺失的營運模式。

我的理由如下。到目前為止,我一再提倡你應該將焦點放在創造一個成功事業所需要的那些事情上。育成中心通常提供的服務包括法律服務、會計、辦公室空間以及設備,但這沒有一樣對新創公

司的成功有關鍵性的影響。

　　有些育成中心相信，一個有經驗的創業者可以快速做成一大堆的點子，然後神奇地變出一家又一家的公司。理論上，這些人會構思出許多點子；而支援的員工將會照料其他瑣碎的事情，然後「砰」的一聲，你就有一大堆公司了。但這可不是真實世界裡的運作模式。

　　在「點子」與「建立一家公司」當中，必須要有一個光譜。你會把錢下注在一個想要在十個市場中作領導者的育成公司；或是十家不同的公司，個別想在個別市場中取得領導者地位？但我並不是育成中心的崇拜者。回到1995年，我們考慮成立當時可能算是第一批育成中心的其中一個。我很高興我們最後選擇發展ISS以及DoubleClick，而不是育成中心。

　　另外一個版本的育成中心就是所謂的「經連」（譯註：日語，意指日本許多大公司的組合，裡面包含銀行、工業機構、供應商和製造商，其成員執有成員團體的股份，相互貸款，並從事聯合的投資）或創投網路。這是按照日本「經連」組織的失敗所建立的模型。基本上，這是一個公司網絡，這些公司具有共同的投資人，他們（被迫）與彼此往來合作生意。回到所謂的「新」經濟年代當中，這是一個非常聰明的財務模型。在那樣的時代裡，這個模式可以運作，是因為營收的套利。在一個高漲的市場當中，一塊錢的營收相當於十塊錢的市場增額。舉例來說，如果你有一個十個公司的網路，跟彼此的會員作一百萬元的生意，那麼這個網路就會有一億美元的價值，即使沒有實際的價值產生。

　　但在衰退或平淡的股票市場，這個模型就沒有效果了。同樣

的，擁有權只有單向的，每個成員也可能沒有最佳產品或服務。

如果你有選擇，請避免這一類的關係。你在第一階段募資的最大目標，就是募集到足夠的錢（你所需的兩倍或三倍），以便將你第一個版本的產品帶到市場上，創造出一個顧客基礎，所以當他們考慮跟你買東西或資助你時，可以將其他人介紹給他們。

現在，當我解釋如何籌資以將點子化為現實，有些人一定會問到，是否可以早一些從銀行募資，不管是使用貸款的方式或使用信用額度。

想要盡快爭取銀行貸款，就得先拿出一些東西來作擔保（例如設備或應收帳款），在此時，你沒有多少東西可以提出給銀行作擔保。他們會要求你個人保證這個貸款，這對我來說一點道理也沒有。如果你有一些其他形式的錢，你可能會將這些放在你的公司，作為某種形式的資產，就不用付給銀行利息。

你應該永遠有信用額度。如此你可以在需要的時候使用。但同樣的，銀行會需要抵押品。

另外一個跟貸款有關的普遍問題是：你一定要有所回報，不然壞事一定會發生（銀行接收）。如果你不認為你的事業有足夠的現金流量，來回付給銀行的利息，你應該要出售資產。只要問問那些一度飛上青天、現在已經倒閉的公司的就知道了。

【信用卡貸款】

有一種形式的貸款是相對比較容易取得的：信用卡。如果你很年輕、單身，而且沒有多少資產，你可能會透過信用卡取得你需要的資金。公司如果做起來，你可以清償這些貸款；要不就是公司沒

做起來，信用卡公司會負擔部份風險。（這在以前如此，現在已經有一些規定了）

回到 ICC 的年代，當美國運通發給我們一張公司信用卡時，我們簡直不敢相信。美國運通卡是特別好的一張，因為它並沒有實際的信用限度。在我們拿到卡片的一週之後，美國運通打電話來，問我們信用卡是否被偷了。

我們說：「沒有被偷啊，為什麼這樣問？」

「你們已經用了十萬美元，你們確定可以付得出來嗎？」

美國運通最後還是收到這筆錢了——但十分驚險。

好，你已經發現更多錢的來源了。你的公司會繼續成長，規模會越來越大。現在，你需要更多的錢。

後期融資

在你將第一版的產品在市場上推出、並且在你夢想已久的首次公開發行之前，你可能需要作許多輪的募資行動。一般來說，當你向後期融資移動，你會跟相當有錢的投資人、策略投資人、或創投公司打交道，這有好也有壞。

有錢投資人所存在的問題跟天使一樣：你必須要找到這些人。沒有一本電話簿記錄著那些有錢人的聯絡方式，讓你逐一打電話討錢。不過，如果你能成功地吸引一些天使，他們可能會幫你介紹他們更有錢的朋友們。

尋找策略投資人，讓那些你的供應商或客戶來投資，聽起來好像挺不錯的。更何況，誰不想跟那些可以幫你更成功的公司有更密

切的關係？

　　跟這類公司募資所可能產生的問題，包括以下四方面：

　　第一，大部份的公司成立不是為了投資，因此要建立一個機制來募資是比較麻煩的。

　　第二，你必須要擔心，這些策略投資人是否有隱而不宣的動機，例如將你腦袋裡所有知道的東西都榨乾，之後自己進入市場；或是讓你陷入絕境，如此你的公司將不會對他們造成威脅等等。

　　第三，投資人以及策略投資人的營運人員都是不同的，而且心懷不同的算盤。為策略投資人負責投資的人承諾要作所有的事情（打開配銷通路、提供合約等），並不代表他真的會做這些事。事實上，當他們將你認定為競爭者或威脅的時候，我保證他們什麼事都不會做。

　　最後一點是，業界其他公司將會不願意跟你購買，因為他們認為這樣是在幫助自己的競爭者。

　　我們在 DoubleClick 成立初期，就曾親身經歷這樣的情形。我們的主要投資人，而且 BJK&E 是 Bozell 廣告公司的母公司。這是一家策略投資人。他們的投資在我們雙方看來都非常合理。BJK&E 是一家大型的廣告持股公司，而廣告公司是我們的客戶。

　　不過，我們之後發現 BJK＆E 的競爭者並不希望跟我們做生意；BJK＆E 也發現了這個問題，因此大幅降低其扮演的角色。

　　這是策略投資人可能會產生的主要問題之一。你很少能由其中獲益，大部份都是缺點。

　　我們接下來再討論另外一種投資人：創投公司。

【創投101】

　　非常多的人討厭創投，有些人更稱他們為「禿鷹」。你可以聽出這些話後面的貶抑意味。我個人對於創投非常尊敬，我認為它們是過去幾十年來，促使經濟不可思議地擴張的最大功臣。美國的新創公司引擎是全世界都羨慕的目標，而創投提供了汽油，讓這引擎得以不斷運轉。

　　創投公司只有一個主要目標，那就是從你公司賺上一大筆錢。但這無妨。如果它們真從你的公司賺到一大筆錢，這表示你也會賺上一大筆。創投業者跟大家普遍的認知不同，他們不會作一些只賺一塊錢的事情；而是會作對你公司長期發展最有利的那些事。一個好的創投也跟其他公司一樣，需要維繫其名聲；創投的成功代表未來會有更多交易找上門；因此他們不太可能會調降你的費用，這麼做只會限制他們未來可能接手的案子的數量而已。

　　當然，並不是所有創投都是非常棒或非常有道德的，也有些是曖昧的騙子。事實上，我最近跟一家創投交手的經驗就不是非常正面：這家創投原來承諾會保留手中的股票；結果卻在第一時間出脫持股，對股價造成重大影響，也傷害了所有其他投資人。這是我跟創投交手的過程中，唯一的一次負面經驗。

　　這個經驗強調了一個重點：你需要仔細審視創投公司的過去經歷。此外，也可詢問這創投曾協助募資的公司，即使是創投沒有提供給你參考的公司。

　　請不要誤會：貪婪是創投公司的驅動力（也是其他投資人的驅動力），貪婪本身並沒有錯，而且這是很容易預測的，如同你在策略投資人身上會發現的一樣。

瞭解創投在評估公司時會重視哪些部份，是非常重要的。畢竟，你越瞭解他們需要些什麼，就越能依此製作你的業務簡報方式與內容。

所有的創投都不盡相同，也各有不同的需求，但它們都會問以下這四件事情：

◆ 目標市場是否足以支持一家公開上市的公司？其實就是在問以下這個問題：你的銷售量一年至少有五億美元的業務潛力嗎？

◆ 你的產品具有獨特性嗎？是否能解決一個實際的問題、同時有足夠的障礙，把其他競爭者擋在外面無法進入市場？

◆ 你的公司有有效的策略來領導市場嗎？

◆ 你有什麼樣的管理團隊？

你可以由這些問題當中發現，創投對於創立小公司並沒有興趣。讓我們花一些時間來談談它們到底在尋找什麼。

它們的主要目標是要投資一家公司，能在既有或新市場當中的一個大區隔取得領導地位。如果成功了，該公司將會有非常具優勢的位置來進行首次公開發行、或被一個更大型的上市公司給買下來。這是創投的出口策略，也是它們計畫拿回投資、賺取可觀利潤的策略。

所有績優創投（例如 Kleiner Perkins, Greylock, Sigma + Partners, 以及 Bain Capital 等）在現在都有相當大量的錢可以投資。這些公司一般都相對較小，只有少數幾位合夥人。而且無論是進行

小型或大型投資，所要投注的心力大致相同，因此創投比較願意進行大型投資，金額通常在五百萬到一億美元之間。

結果，創投逐漸移離早期階段的投資，因為那需要的時間太多，它們在這樣的投資上賺得不夠。這樣的轉變對投資金額落在一萬到一百萬之間的天使投資人，開了一個相當大的機會之窗。

如果你想要吸引創投，在營運計畫中必須要確認出一個足夠大的市場，而且是一個實際的市場，那不是憑空想像的；在這個市場中，你可以成為頂尖的領導者。創投公司想要知道，你的產品是否能解決一個真正的問題。酷科技本身並不能吸引最頂尖的創投公司（不過，在網際網路「瘋」迷的時代，所有規則通通不適用）。

假設你的產品的確能解決一個問題；創投會接著問，這產品是否具有獨特性、或是否已有既存（或可能）的競爭者。如果市場上已有解決方案，也先別擔心；但募資的標準的確會被拉高。如同我們前面所提，你不能比既有的競爭者「稍微好一點」而已，而是要有「天壤之別」的好。比方說，你的產品必須要是既有解決方案的十分之一成本、或是性能比既有的快上十倍。除非有實際的策略性優勢，否則人們不會放棄既有並經過證明可行的解決方案，而改選一個新公司推出的新產品。

創投公司知道，要準確預測未來是不可能的；它們也知道，許多既有的假設會很快改變。它們會試著瞭解你是否有一個堅強的管理團隊，不但能夠察覺這些改變、同時也能快速做出回應，以此作為是否要投資你的一個重要評估標準。這代表它們會花非常多的時間來確認，你是否是未來幾年帶領這家公司的適當人選。

大部份的創辦者會在一開始擔任執行長的角色，但殘酷的事實

是：許多創辦者其實並不適合擔任執行長的角色，而大部份的創投
都會保留指定新執行長的權利。

這是可以理解的，但對某些創辦者來說可能難以接受。要創
造出一個點子、並依此設計產品推出市面，這其中所需要的天賦與
技能，跟建立一個永續經營的公司所需的並不相同。如果你是創業
者，這裡會有一個真實的矛盾困境。如果你對於創投堅持「在未來
某個時點有權指定執行長人選」有所猶豫，它們會對你沒有信心，
認為你在必要時不願意站到旁邊去，因此也就不會願意投資。

不要認為這是針對你個人而來的，但你很有可能在擔任執行
長時被炒魷魚、並且被要求在公司擔任其他更適合你才能的工作。
這是因為創投公司經過許多挫敗之後學習到的慘痛教訓：有很大比
例的公司在早期階段就陣亡，只因為創辦者是一個自大狂或能力不
足。

諷刺的是，在作一個新市場的先驅時，「自大」可能是個非
常棒的特質。的確，在早期階段，通常都只靠著創辦者的強烈驅動
力，但使著公司持續前進。但是，當公司逐漸成長之時，同樣的這
股瘋狂熱忱也可能把公司摧毀。這會讓你無法建立起一個堅強的團
隊，讓公司的成長率減慢，因為每件事都必須通過你。

公司創辦人應該不斷嘗試雇用比自己聰明的人，並為自己設
定最適合擔任的角色，可能是業務主管、技術長、或只是董事會成
員，不需擔負日常營運的責任。ISS 就是一個很棒的例子。創辦者
當時二十歲，也是一個技術天才。他比其他人都還要懂技術，但他
從來沒在企業內工作過，更別說經營一家企業了。當ISS的規模越
來越大之時，他變成公司的技術長，這對他個人以及公司而言都是

非常適當的位置。因此不要把自己的「擁有權」跟「工作」混為一談了。

　　關於創投，我要談的最後一點是：如同我們所說，它們就只能進行這麼多的投資，而對你公司的投資可能延續多年。創投知道他要跟你密切合作，但是沒有人喜歡跟怪人或混蛋共事。如果你是，那麼……我祝你好運！

【如何讓創投回你電話】

　　以下是個殘酷的事實：每年有數以千計的營運計畫送到創投手中，它們根本沒有辦法一一閱讀。一個光靠運氣的計畫幾乎不可能有機會被打開。換句話說，如果你送給不認識你的創投，一個不請自來的營運計畫，這個計畫大概會被束之高閣存入檔案而已。

　　為了盡可能有效的運作，大部份的創投公司都會創造一個才能偵察兵的大型網路，這些人是創投過去曾協助成立的公司主管，在他們的公司公開上市之後，通常會成為創投基金當中的有限合夥人。（以我為例，現在就是六個基金的成員）當我遇到我認為值得投資的公司時，我會介紹他們給我過去曾經共事的創投公司。

　　每個創投公司都必須認識五十個像我這樣的人，在各領域有些經驗、並且應該是該行業的專家、有些不錯的資歷、正在尋求潛在的投資機會。天使們也是才能偵測兵。這種偵測兵網路是你應該早一點嘗試將某些優質天使投資人帶進公司的好原因：他們知道去哪裡找大量的錢，而且會帶來相當大的可信度。

　　你可能會認為融資世界的運作方式並不公平，如果你不認識任何人，那麼的確不公平。但我不知道其他還有什麼有效的運作方

法。點子是廉價的;而等著要拿到資金的點子,更是多到不行。

此外,這個產業跟大部份其他產業並沒有太大的不同。有多少失意的鋼琴家在酒吧、俱樂部彈鋼琴,等著人生的轉捩點出現?他們心裡可能在想,為什麼自己不能走進新力的辦公室,簽下一紙錄音合約。原因非常簡單:如果這樣做可行的話,排隊的人可能有一哩那麼長,新力的人可能沒辦法完成任何事。而且人生本就不公平。

【與創投的談判】

好,你已經得到某些創投回你電話。跟他們談,但請不要超過十家(將你的努力集中焦點)。如果你處於一個令人羨慕的地位,足以吸引創投轉身向你,你一定有某個炙手可熱的東西。如果你有,大部份的創投都會搶著要來跟你碰面。毫無疑問的,在各類投資人身上也有旅鼠效應(lemming effect),創投也不例外。它們看到等著排隊的人龍越長,就越會想要投資。如果沒有競爭,每個人都會認為其中一定有什麼問題,會很快跑掉。所以你永遠要讓你的創投相信,它們需要跟其他競爭者競爭,才能爭取到投資你公司的機會。

在這個階段,永遠不要告訴創投,你跟哪些人談過。這是非常高風險的一招。創投社群是非常緊密的團體,它們常一起進入許多交易當中,過去如此,未來也會繼續如此。如果你告訴它們,你跟其他哪些創投談過,當你掛斷電話時,它們會馬上打電話給那個公司裡的朋友,比較一下紀錄。這最終將會降低它們願意付出的價格。

　　就另一方面來說，創投對於他們的交易非常保護，不希望其他
創投發現這些案子。如果你不告訴它們跟誰談過，它們就不會到處
打電話打探，因為怕此舉反而提醒了其他創投。

　　當我們談及「不要作的事情」，還有以下這一項：當人們開
始討論你的公司價值多少時，不要丟出評價數字。不管你說什麼
數字，你一定會拿到比這個更少，因此絕對不要提出一個過低的
數字。如果你提的數字太高，創投會認為你太過荒唐，就會離你而
去。所以避免直接處理這個議題，給創投一個評價區間，但低標數
字仍然要稍微高一點。這會讓創投往大一點的方向思考，但又能顯
示出你願意進行議價的意願。

　　你如何知道自己的公司到底價值多少？你不會知道。你可以到
外面去，瞭解一下其他類似事業是如何評價的，但是基本上，在這
個時點作這個動作並沒有價值，因為你的公司並沒有太多經歷記錄
可供參考。你公司的價值最終將會由投資人的供給與需求來決定。

　　不久之前，各公司的評價還可笑的高。舉例來說，曾有家
living.com 的公司，某家投資銀行說如果這家公司上市的話，能有
十億元的價值。結果，這家公司在八、九個月之後就破產倒閉。在
1990 年代末期的網際網路狂熱當中，這並不是唯一的個案。

　　幾年前，我曾參與一個可能的購併案。我對那位二十六歲的創
辦者兼執行長，開價八千兩百萬美元，買下他的公司。當時這家公
司的營收非常低、也不賺錢，而且成立只有幾年的時間而已。而且
這位年輕的執行長，一定可以由這個交易當中獲得龐大利益。結果
他告訴我說，我開的價格對他來說是種侮辱。

　　我繼續問他，是否知道八千兩百萬這個數字到底有多大。

他拒絕了這個交易、進行公開上市、結果最後將公司出售，出售的現金價值大概是我開價的極小一部份而已。由此我們得到什麼教訓：別愚弄自己。評價是根據人們在當時願意付出的價格而定的，而且這是會很快改變的。

當你在募集資金時，你要爭取兩個或更多的投資人投資於你的公司，如此可以把議價的價格拉高一點。因此你不可能只跟一個人進行拍賣的。讓每個人都認為自己是在「拍賣」中取得交易，但平均來說，它們最後付出的價格仍是會比零售多出50％。

【下一步：投資的主要條件說明書（Term Sheet）】

假設你跟幾家創投談過了，你的下一個目標就是拿到神奇萬能的主要條件說明書。

我先聲明：如果某家冷酷無情的公司把我這家成長中的公司評價為一元，我才不會在乎它提出主要條件說明書。拜託！這可是條件說明書吶！這代表有人真的有興趣投資你的公司。一旦有某個人有興趣，你就可以開始製造出競爭氛圍，把價格拉高。這是第一份主要條件說明書之所以如此重要的原因。

主要條件說明書這份文件大約是一到三頁，詳細記載投資人在什麼樣的規範以及什麼樣的評價之下願意放錢進來、以及願意投資的金額。律師會依照這份文件來擬出所有的合約內容。

主要條件說明書並沒有一定的格式，以下這一個是其中的一個例子：

主要條件說明書摘要：XYZ公司（草稿）

2003年2月14日

這份備忘錄彙總了XYZ公司（以下簡稱該公司）B系列股票的創投籌資行動。該公司係於2001年__月於德拉瓦成立。

重要條款	
投資人	
發行證券	每一單位包括： (a)該公司系列B可轉換特別股一股（以下簡稱特別股B）認股權證，可在某些特定條件下，可將上述特別股一股轉換為該公司普通股一股。
每股價格	每單位1.67美元 （特別股B每股1.66美元（稱為第一次發行價格）；加上認股權證每股0.01美元）
募集規模	兩百萬。首次募款截止時至少需募集一百萬美元以上。
募資截止日	2002年3月15日。在首次截止日後的120天內，該公司可以自行決定其他批次的資金募款截止日。
B系列特別股條款	
股利發放規定	每股特別股B之配息率為每年6%。股利發放與否及發放時間均由董事會決定。股利非累進制。關於其他股利或發放，特別股B可以設算轉換後的股數來與普通股共同分配。
優先分配權	首先支付原始購買價格加上每股特別股B應付股利。 第二順位支付特別股與普通股股東，以設算轉換基礎計算，到特別股B股東收到相當於其成本兩倍的金額為止。 餘下部份繼續分配給普通股。 公司若進行整合或購併、出售部份部門或資產，都不應被視為清算；或是以清算為目標的結束行為；應制訂適當規定，讓任何接手者能清楚執行特別股B的各項權利、優先權利以及特權，假設當時在外流通的特別股當中，有51%以上透過書面同意來放棄原有權益。
贖回	特別股B不可贖回
轉換	可隨時依股東意願轉換為普通股一股（須依照反稀釋條款進行調整）
自動轉換	特別股B可以自動轉換為普通股，使用當時可應用轉換價格，在以下時點進行轉換： (i)在普通股承銷公開發行的每股價格不低於購價三倍且售價累積到750萬（稱為符合條件的IPO）。 (ii)公司獲得當時流通在外特別股B中51%以上的股東投票或同意。

反稀釋條款	特別股B應該有權在股票分割及股利等事項上,受到比例的反稀釋保護。此外,在未來稀釋發行(增資前評價低於500基礎的加權平均調整)。稀釋發行應該不包含保留給員工、顧問等人的普通股;也不包含依照合夥協議、租賃或其他標準除外條件下所發行的股份。在股票分割與股利上作等比例的調整。
認股權證	該公司在發行每一股特別股B時均應附上認股權證。 如果該公司未能在2003年5月31日前達成高於(x)系列B募集資金與(y)500萬的增資前評價,該權證持有人可運用此一權證,轉換為公司普通股,比例可達普通股股數的15%。權證持有人所持有的特別股是可以轉換的,在系列B募資終止時計算。 如果該公司未能在2004年5月31日 達成高於(x)系列B募集與(y)500萬以上的增資前評價,該權證持有人可運用此一權證轉換為公司普通股(包含上一段所說明的股數),相當於普通股股數的25%。這類權證持有人所持有的特別股是可以轉換的,在系列B募資資金截止時計算。權證將特別股轉換普通股的股數不得超過普通股的25%。
投票與保護條款	特別股B以設算式參與普通股投票,但也有特別股專有投票權:由51%的多數表決來決定特別股B優先順序與各項權利之修正與補充
投資者權益協議條件	
接續發行的優先認購權	持有20萬股以上的特別股B股東有權利在公司提供股票證券給任何人的活動中(除了依員工福利計畫或購併而進行的證券發行活動以外。上述二者均由董事會核准,其中包括特別股B股東所選出的董事),依比例購買全部或部份股份。 這項權益在以下兩種情況不適用: (i)公司依照股票購買或選擇權計畫提供普通股給員工、主管或董事、律師、顧問之後,發行相當於19.2%以上的全稀釋股份 (ii)由董事會或其他慣常例外所核准的策略聯盟,或其他合夥協議相關的普通股發行。 本項權利在以下兩個狀況之前立即終止: (i) 符合資格的首次公開發行結束 (ii)公司任何購併或整合行動完成
優先承購權	根據公司內部細則,公司應該在股東提議要提供股票證券給任何人的行動中,購買所有或部分的股份。任何未透過該公司承銷的證券,應可依比例於配置於其他股東。 如果該公司或其他股東沒有購買這類證券,未被購買的那一部份可以提供給其他人購買,期限為60天,且條件不能比銷售給股東的條件還要有利。優先承購權將於符合資格的首次公開發行後終止。
登記權益	

公司登記	無限制的附屬登記權由承銷商判斷是否要按比例刪減。在首次公開發行後全刪減，此後至少包含25%。不過，如果投資者相當有限，沒有任何一方應在這樣的登記當中出售股份，除非該公司或投資人採用要求登記權。
S-3權利	每年對S-3形式的要求登記權至少兩個，最少提供規模為100萬美元。 該公司可以在任何12個月的期間中，延緩S-3報備達90天。在任一個12個月的期間，應投資人要求登記的S-3不允許超過兩個。
登記權利 的終止	登記權利在以下兩種情況下終止： (1)在首次公開發行3年之後 (2)投資人所持有的所有股份在90天的期限內，依照上市前釋股規定（144法規）出售 在未得到持有登記權投資人的多數同意之下，不能允許未來的登記權，除非這種權利附屬於那些投資人。
費用	該公司應該負擔所有要求或附屬登記權的登記費用（承銷折扣與佣金除外），其中也包括銷售股東的特別法律諮詢費用。投資人按比例分擔所有S-3的登記費用。
權利轉換	登記權可以轉換給以下單位： (1)任何具有合夥關係的合夥人或退休合夥人 (2)任何家庭成員或信託，以促進任一個別持有人的利益 (3)任何取得至少10萬股份可登記證券之受讓人，只要該公司在事前接到書面形式的通知
售股限制	投資人不應在公司首次公開發型的180天之內、以及具有相似主管、董事相之其他公司的首次公開發行90天內出售持股。
董事會代表 與會議	獲得授權的幾位董事一開始應限制在三名。在特別股B募資結束時正式生效。董事會成為應為賴利、寇利以及墨依。
檢查及 資訊權利	所有持有特別股10萬股以上的投資人應該收到年度簽證報告、以及每季（未簽證）財務報表。在每一會計年度開始的30天以前，該公司應提供上述投資人完整的營運預算，預測公司在下一個會計季當中，每月的營收、費用以及現金部位。對於整個會計年度的預測也應該依照上述模式，於會計年度開始的30天前提供。

特別股購買協議條款

保證與承諾 費用	此類投資應該按照購股協議進行，這應對該公司以及投資者都是合理可接受的。其中應該包含該公司的適當代表權、認股權證以及合約，以反應此處所示的規定以及其他標準規範；適當的截止條件，按照慣例應包含該公司律師對於此次投資的法律意見。
	該公司與投資人應分別負擔關於此次交易所衍生的法律或其他費用。雙方應盡可能降低這些費用。

創立者與員工協議

股票給予	在募資結束後發給員工、董事及顧問的所有股票及約當股票都應該受到以下的投資限制： 於發行後第1年年末投資25％；其餘的75％在接下來的3年當中逐月投資。附買回選擇權應該提供以下權益：當身為股東的員工離職時，該公司及其委託人（在適用的證券法律資格核准範圍內）保有完全選擇權，可重新以成本價購買該名股東未投資的股份部份。
普通股轉換限制	在投資之前不允許任何轉換。在首次公開發行之後才對投資股份有拒絕權。
市場售股限制	在該公司或與該公司首次公開發行有關的承銷商要求下，普通股的選擇權持有人在首次公開發行登記有效的180天之內，應同意不出售或轉換該公司任何證券。
專利資訊與發明協議	在該公司管理階層的要求，所有員工、主管以及顧問都應對專利資訊或發明協議負有保密之責。
其他規定	
截止時間	如果在2002年3月1日前，該公司尚未表示接受，本條件清單將失效。
截止條件	截止條件依明確的法律文件以及投資人完成法律及財務的實際審查為準。
資本形成概況	在募資截止時，該公司資本形成概況如附件A所示。

別擔心第一次的主要條件說明書如何，因為其他創投不會知道這些條件。（除非你打破第一條規則：不要告訴創投你跟哪些公司談過）絕對不要對第一份條件清單說好或不好。謝謝對方，並告知你最近還在等其他創投的條件說明書，你會盡快檢視他提出的提案。你也可能會丟出一句話，說你對於這麼低的評價感到很震驚，但你對對方提供的條件表示尊重。

（請注意，千萬不要在這個過程中說謊。你不需提供任何你不想給的資訊，但不要編纂資訊，否則最後一定是自己自食惡果）

在得到一個主要條件說明書之後，告訴其他創投公司你有一份條件說明書。希望你能得到好幾份，讓你可以從中挑選最棒的一份。一旦創投知道有某家公司已經提出提議，他會更願意對這件事

情付出承諾認真以待。拿到第一份條件說明書是最難的部份，一旦某個人站上打擊板，給了你一份提議，你會發現，有興趣的人突然變多了。在一兩個月之後，你可望能獲得幾份的條件說明書。在議價的初期階段，你一次只要跟一家創投談價錢。告訴其他創投，你還是希望它們參與其中，但它們的條件說明書是你不能接受的，因此你決定要跟提供最好條件的創投談。如果它們也想要調整以便符合其他家的水準，你應該要樂意接受才對。

所有的創投都會跟你發誓說它們的條件說明書是標準的版本。它們會說：「我們每筆生意都是這樣的。這個格式只是個樣板檔案而已。」當它們這樣說的時候，請試著不動聲色，因為事實上，根本沒有所謂的標準格式！

在條件說明書上，最重要的可能要算是「評價」了。如果在「評價」前面沒有一個「形容詞」，千萬不要簽這份條件清單——評價要不是增資前（premoney）、要不就是增資後（postmoney）。讓我舉一個簡單的例子，說明這個「形容詞」為何如此重要。

假設一個創投說你的公司價值一千萬，他的公司願意投資五百萬。你可以假設他是指增資前評價，最後這家創投會擁有你公司的三分之一股權。（他放進來的五百萬美元會將公司的價值提升到一千五百萬美元，因此該創投對這家公司的持股比率為33.33%）

這創投會回頭告訴你：「不，我們一般都是用增資後評價的模式。」這代表他相信他所貢獻的五百萬美元將可以為你公司的價值提升到一千萬。如果是這樣，這家創投擁有你公司的50%。（一千萬除以五百萬）因此，一定要先確定在條件說明書談的是增資前還

是增資後評價。

接下來,如果你還需要更多資金,該是帶入更多家創投的時候了。有時候,二到五個創投會聯合起來投資你的公司,它們全都會使用同樣的條件來投資。

這就是為什麼要先找到具有名聲的創投,作為第一個投資人的重要理由。如果一個廣為人知的創投同意投資,其他許多創投都會跟進。當我們籌資四千萬來協助 DoubleClick 繼續成長之時,Bain Capital 以及 Greylock 兩家創投是我們的第一批投資人。嚴格說起來,Bain Capital 不是一家創投,但它是非常受到尊敬的投資人。而Greylock被認定為最頂尖的創投公司之一。有四家公司在幾乎沒有討論的狀況下,就投資了相當大的一筆金額;另外還有一家只跟我們談了30分鐘之後,就決定投資一千萬。這五家公司的態度是:如果 Bain Capital 以及 Greylock 已經調查過我們、而且結論是願意投資,那它們也一定願意。

一般來說,我認為有多一點的創投公司投資是比較好的。創投的網路既廣且深,而且你的網路越大,你在一路上找到顧客、員工的運氣就越好。

在你讓每個人都同意條件說明書之後,還不代表大功告成。要完成所有的合約以及協議至少需要三十天。找個處理過創投交易的好律師吧,這是你絕對需要的。

【公開籌資】

現在要相信這些事情好像有些匪夷所思,因為那看來是那麼久

以前的事了，但1990年代晚期對想要找錢的新創公司而言，真的是空前絕後的時代。我還記得我們在1997年中期將 DoubleClick 上市的決定。看起來，我們當年可以有三千萬美元的營收，這對新創公司來說是非常棒的；但對上市公司來說，則沒有什麼了不起。大部份的人認為上市過早了，它們說我們應該再等至少一年，再來考慮首次公開發行的事情。

以後見之明來看，這段對話相當好笑，因為當市場越來越熱門之際，後來公開上市公司的營收越來越低。我還記得在網路熱潮的高點之時，有家營業額不到一百萬的公司也上市了。

記住我們前面提到的：籌措資金的最好時機，就是你不需要這筆錢的時候。當我們將 DoubleClick 公開上市時，我們的財務數字非常漂亮。我們並不需要錢，但人們希望透過公開上市給我們一些錢，因此我們收了。這讓我們可以以更快的速度擴展。

拜1990年代末期納斯達克（NASDAQ）公司股價不斷飆升所賜，大眾對於投資於早期階段的新創公司有著非常大的興趣。我懷疑，只要再多幾家新創公司把投資大眾的錢燒光，這種可怕的趨勢將會很快劃下句點。（2000年的網路公司大崩壞可能已經足以施展這種魔法，如果我們看納斯達克指數在一年之內，由超過五千點跌到兩千點以下，這就足以澆熄所有人的興致了）太早上市不是個好主意，這就好像太早結婚、或是太早有小孩一樣，容易讓事情變得過於複雜。

在網路公司風潮的高點所發生的事情是非常愚蠢的：這些大眾本質上變成了創投，這些是糟糕的創投。他們對於這些公開上市的公司財務狀況根本沒有進行實際謹慎的審查。創業者可以為一個

根本不應該成立的公司籌得幾十億、幾百億的資金，這就好像是隨機把樂團帶出俱樂部，把他們簽下來為它們出唱片一樣。當你夠幸運的時候，你可能會發掘了 U2 合唱團；但這可不是該下賭注的地方，也不是投資金錢的方式。

如果公司的未來無法合理預測之時，這家公司就不應該上市。我相信舊式的系統，先從家人或親友開始募資、接著找投資天使以及創投；而且當公司有足夠多且好的財務資料可供查證之後，才公開上市。

上市的決定是非常大的，但也非常簡單。上市的兩個主要標準為：

1. 你可以準確預測營收以及費用嗎？

2. 你需要公開交易股票來進行購併、或額外的資金來擴張嗎？

如果你考慮上市，而公司盈餘仍有很大一部份仰賴一兩家主要的公司，那麼請不要上市。當你失去數字的那一天，也是你的股票崩盤、喪失華爾街信任的一天。接你位置的人可能需要花好幾年的時間，才能完全從這些當中走出來。

我們不需要再多談上市這件事了。你現在距離那一天還很遠呢。當這一天來臨之時，幫自己找一個有經驗的律師、投資銀行以及會計師事務所，它們會協助你釐清整個流程的。

關於利潤

我想有99％的公司的宣言、目標或原則都會有這麼一行，說明公司要如何處於產業內並且賺取利潤。這有點像是說「籃球比賽的

目標就是要贏」一樣。

我總是用不太一樣的眼光來看利潤。我認為更重要的是要思考你要「如何」贏。

有些人可能會很快建立起有利可圖的事業，並對此沾沾自喜；但這不應該是你的終極目標。建立一個獨霸市場的公司，應該是你創造出一個大型獲利事業的結果，因為領導市場的公司多半都獲利頗豐。而且新創公司的主要驅動力應該是透過解決顧客問題而獨霸市場，而不是快速獲利。

可惜的是，在這些日子裡，積極或嘗試要成為市場領導者會被認為是一種惡魔。最近有個記者跟我開戰：他指控我是一個野心勃勃的競爭者。在他的眼中，我的罪惡是不斷在挑戰遊戲規則的極限。但是一個「沒有野心」的競爭者基本上並不太是個競爭者，不是嗎？

只要你遵守遊戲規則，對我來說你就是 OK 的。你的目標之一應該是成為市場領導者。不要擔心因為市場獨佔性太高而受到司法部門的調查。在它們破門而入之前，你必須先經過「不正當的高利潤」以及「超級有錢」的階段，你會通過的。

想想看，你要在市場裡建立一個能取得領導地位的公司，這需要籌募多少錢。如果你完成這個目標，我相信你將會有利可圖。

跟錢有關的問題

目前為止，我們已經談到「如果你有能力籌到你要的錢」之後的好事情，在本章結束之前，請讓我作個小小的警告。

　　頻繁而大型的現金注入一家公司,可能會對這家公司造成傷害。我太常看到新創公司籌措一大筆錢,管理階層將此跟「成功」混為一談:「喔!我們成功了,現在我們必須要開始活出我們的成功!」他們會到外面去,找最頂級的辦公室,搭乘商務艙——真是一群傻瓜。

　　從第一天開始,你應該在公司內注入財務責任感,而這種責任感應該要由最高層的主管以身作則開始做起。如果你拿了高額的薪水、搭乘商務艙,那麼其他人也都預期自己也可以這樣做。如果你制訂「階級制度」,規定只有主管才能搭乘商務艙,你會創造出一種貪污的文化,而且欺騙與偷竊將會成為一種常態。

　　我對於錢的準則是:只把錢花在可以賺錢的地方。當你要花錢的時候,問問自己,這份投資是否有回報;如果答案是否定的,請不要花這筆錢。每一筆費用都應該被視為投資。

　　我們以辦公室為例。在早期階段,你可以在簡陋的地方辦公,這不應該是重點(我們是在地下室開始創立 DoubleClick 的),投資人喜歡看你在一個連消防隊長都害怕的工作環境裡辛勞前進。此時你不用擔心公司不夠體面,因為你根本沒有任何客戶;投資於你的人或公司想知道的是,它們投資於你公司的錢幾乎全部都拿去製造產品了。請記住!投資人討厭看到浪費,它們希望公司好好花這些投資的錢。

　　當你開始獲得客戶、而且他們會來你的辦公室之時,你可以將辦公地點稍作升級。顧客希望跟一個穩定的公司往來,因此你的辦公室應該給客戶這種安定感。但沒有人喜歡跟具有豪華辦公室的公司往來,這會讓客戶有種錯覺,認為你會收取很高的費用。

　　所以請將「浪費」視為一種可能在你公司散播的疾病。當辦公室裝潢豪華時，員工會認為出差時住高級飯店、開豪華派對都沒有關係。如果某個可能的新員工因為你的辦公室不夠好而不想加入，請將此視為你的好運，因為你可能因此避免接觸到可怕的「傷寒瑪麗」！請記住，籌措金錢的重點是不要花這些錢，而是要建立你的事業！

　　聽到某些網際網路公司一年花費超過一億美元，總是令我震驚不已。你知道要花掉一億美元有多困難嗎？他們還真是了不起呢！不過這些公司都已經走入歷史了。

　　另外一個相關的提醒：你可能注意到，我並沒有提到出口策略，也就是把公司賣掉或公開上市，以便從你的事業裡拿走最多的錢。我是故意略過這一點的。

　　首先，我討厭「出口策略」這個詞。這聽起來像是你要建立一個「金字塔計畫」或是導演一場詐騙行動，來搞垮投資人的錢。我知道這個詞不是這個意思，但這整個概念在我感覺就是如此。

　　另外，對你也很重要的一點是：請說明你的投資人最終會有什麼樣的選擇權，可以自行選擇是否要賣出他們的投資。但我跟你保證，超級成功的公司，也就是那些已經經過時間考驗的公司，從來不會談出口策略。對最上等的公司來說，沒有什麼所謂的出口，公司是要永續經營、永續持股的。畢竟，你已經找出消費者的需求，也找出方法有效滿足這些需求了。

　　現在，恭喜你！你已經獲得公司所需的資金了！

本章摘要

1 捨你其誰？你可以在對鏡自照時，找到最原始的資金來源。沒錯，就是你自己。接著，你可以開始找家人朋友、天使投資人；希望你足夠好運，能找到創投與其他策略投資人。

2. 不要自留。很多人自然地會把股權盡可能握在自己手中，但不要這樣做。請集中焦點在建立一個成功的事業，如果你這樣做，不管你擁有公司多少百分比的股權，都會價值非凡。

3. 在你需要之前，籌措比所需更多的金額。當你剛開始經營公司時，錢永遠不嫌多。而且，一定要在你渴望資金挹注之前，就要先完成籌資。

4. 公平以待。回頭給你的投資者一個好交易。這將會產生善意，當不可避免的艱困時期來臨時，這些善意會派得上用場的。

第六章

尋找對的人

The Map of Innovation :
Creating Something Out of Nothing

還在尋找某個特別的人嗎？

《村聲》（Village Voice）人事欄

最後一個需要專注的領域是：找到「對」的人，和你一起建立公司，並協助公司不斷成長茁壯。

我不管你有多聰明，或在你的人生當中已經多有成就，或你的產品概念有多具顛覆性，但卓越的公司是建立在一群人之上的，而不單靠執行長或是創辦者。在這一章裡，我想要談談如何招募、組織、以及留住最棒的人才，因為如果你沒有做到這三件事情，最終的結果都不會太好。不管在新創事業或是既有組織之內，這道理都同樣成立。

接下來就讓我們由這裡開始吧：請招募比你聰明的人。

這個概念對大部份的創辦人／創業者／部門主管／執行長而言，都非常難以理解。他們會問，怎麼可能有人會比他們更聰明？他們不是首先提出新創構想的人、或者是在公司這一部份經營有成的人嗎？還有誰會比他們聰明？

抱歉，但我們（尤其創業者）在許多部份都有缺點，因此，很重要的是：

◆ 瞭解你的缺點是什麼。

◆ 找到能夠跟你互補、或抵銷掉缺點的人。

我善於設計非常聚焦的策略，並且也非常擅長與員工、投資人、媒體以及顧客溝通。但是我並不善於「執行」。

一般來說，喜歡我（至少我是這麼認為的）會發現，我在經

營公司時優雅謙虛；不過，我不喜歡執行困難的決策。比方說，在今天現有的經濟環境中，我沒辦法裁員以維持公司的財務健全。因此，找到一個跟你互補而非相似的人，這一點非常重要。凱文・萊恩（Kevin Ryan）就是替代我接任 DoubleClick 執行長的極佳人選。

或許你不善於營運面、可能沒辦法管理一個賣檸檬汁的小攤。但是對自己誠實，至少有一件事（或許還有其他很多事）是你不擅長、也不喜歡作的。所以可以透過你找來的人彌補這一點。

我們大部份都沒辦法做到這一點。不管是新創公司或既有組織的人都一樣。他們要不就是雇用比他們愚笨的人，因此不會受到威脅；要不就是找來一些他覺得相處愉快、跟他們在想法及技能上幾乎一模一樣的人（這種情形更普遍）；或者找一些會為自己的身價「喊價」的人。

這些都是非常大的錯誤。如果你是創辦人，你需要雇用一些具有技能與能力來抵銷你缺點的人。即使你成為公司或既有組織裡的資深管理者，這也不會有所改變；這代表你需要花很多時間來思考，你擅長什麼、不擅長什麼。每個人都有缺點，你需要清楚自己的缺點是哪些。

如果你沒有用這種方法來建立公司或既有組織的新單位，將會有一兩件事情會發生：原始的投資人可能會強迫你讓位。因為如果他們不把你解決，你的公司將有可能會失敗。

我非常幸運，我即時想清楚這一點，在當時許多人跌破眼鏡：我在2000年的夏天卸下 DoubleClick 的執行長一職，這距離我創辦這家公司不過五年。雖然這並不是個容易的決定，對此我掙扎許久。身為創辦人，我將 DoubleClick 視為我自己的孩子；而我決定

將孩子交給公司的董事長凱文‧萊恩繼續撫養。但我知道這是個正確的決定。

如同我在一開始所說，管理者要知道自己擅長什麼，這一點非常重要。事實是，創辦人要長期經營公司的勝算並不大，而且老實說，我並不認為這是壞事。一家公司要能生存並且成長，需要的是在公司不同階段都能得到最佳人選來經營，而那個人選可能不會是創辦人。我深知這一點，因為我的情況正是如此。有更好的人更適合經營我協助創立的公司；而我則負責確認這些人都被賦予最棒的工作。我是個開明的創辦人，我喜歡不斷成立新公司；至於長期經營這些公司，則是別人的專長。最有資格的人才應該坐在那個位置上；重點是能力而非在位多久。這一點是所有創辦人都要瞭解的。

以下這句話可以說是本書的中心思想：你必須要專注於真正重要的關鍵之上，其他的一概忽略。如果你想要成功創新，沒有什麼比「建立一個卓越管理團隊」來的更重要。

真正卓越的管理者都知道這一點，但對創業者或創新者來說，則非常困難。正如那句老話：A級管理者雇用A級人才；B級管理者雇用C級人才。你的目標是要雇用A級或A級以上的人才。

美國前總統雷根就做到了。我一直認為他是一個非常偉大的總統。我的觀點不僅著眼於他在政治上的作為；還包括他組成的團隊。雷根不是歷史上最聰明的一位總統，但他具有相當高超的能力，不但能有效溝通，也能讓自己身邊充滿優秀人才，徹底執行他的理念。這就是偉大的領導，也是你應該試著做到的目標。

在1983年，我們三個創辦 ICC 的人都才二十出頭而已，在第一年之後，我們大概有三十位員工，逐漸開始成為一個「大」公司

（在當時的我們眼裡）。當時，我們所採取的最棒也最成熟的行動之一，就是雇用了一個經驗豐富、年紀更長的管理者，來擔任公司的董事長。

最理想的狀況下，你會希望定期由公司內部晉升（這一點我們稍後會談到）。但在公司成立初期，尤其如果公司裡每個人都相對沒有經驗的話，這一點可能做不到。這就是我們當時面臨的狀況：我們需要找出誰該繼續領導 ICC；我們沒有一個人能將這個工作做得很好。那時我們沒有繼續嘗試自己經營公司，反而開始向外尋找有經驗的管理者。

我記得我們第一次介紹賴利‧達克沃斯（Larry Duckworth）來接手管理 ICC 的那個時候。印象最深的就是：他「好老」。（他當時也不過三十五歲而已。現在的我剛過四十，我想，對今天的創業份子來說，我可能也是老古董了吧）但賴利的加入大大幫助我們走入下一個階段，真正成為一個專業的組織。在他的指引下，我們繼續雇用專業經理人，而創辦人則擔任他們最適合的職位。

我將在 ICC 學到的雇用與創立組織的經驗，帶入 DoubleClick 的創辦過程中。即使我們的公司才剛剛開始，我們已經知道要把 DoubleClick 打造成為一個大公司。當時主要焦點是：從一開始就建立適當的人力資源基礎建設，以支持公司的快速成長以及大型組織所需。當我們雇用到第一個經理時，我們並不是尋找一個能經營「百人公司」的人；而是要找一個能夠自己管理「千人部門」的人才。

我們非常幸運地找到能支持公司成長的管理人才，但這一開始可是個艱鉅的任務。我們才剛剛從喬治亞州的 Alpharetta 搬到紐

約市時，根本沒沒無聞。我曾協助成立一個算是相當成功的公司（ICC）（儘管是在一個沒人搞懂的產業之中），但我還沒有資歷證明我們有能力做到我們亟欲完成的大事業。我們能作的，就是提供公司較為資深的職位，並且讓對方有機會成為新一波媒體的主要成員。結果證明這非常有吸引力，我們也的確吸引到我們所需要的管理人才。

如果沒有管理人才，你的公司永遠無法成長，你也無法達到真正的成功。

你要如何找到你需要的人才？尋找或測試的方法有很多種；但經過這麼長的一段時間，我自己發展出自己的一份查核清單（事實上是兩份），而且看來是非常有效的。第一份是跟智力有關，第二份則是跟競爭心態有關。我們先從「聰明」這一點開始談起。

首先，找聰明人來當員工

我總是在找比平均水準還要聰明的人。如果你往這條路上走，這代表你必須要清楚，「更聰明」代表的是什麼。

有很多人將「技術」與「智力」混為一談。他們以為，某個人是不錯的 UNIX 程式設計師，就會比另一個傑出的 Windows 程式設計師更適合「UNIX 程式編寫」的工作。UNIX 程式編寫是「技術」，傑出則是一種「特質」；技術很容易學，但特質是不可能透過方法獲得的。在理想的狀況下，你會希望找到一個非常聰明、而且又具備你所需技術的人。如果你被迫要從技術與智力當中擇其一，請一定要選擇「IQ」。

我的理由有以下兩點：

一個聰明的人可以學任何事情。你可以將他放在一個新的情況之下，比方說，叫某個從來沒有管理過的人，去擔任百人部門的主管—聰明人自會想出辦法的。他不只會決定這個部門應該作什麼，也會找出有效率的方法來管理這個部門。一個比較不聰明、但技術能力很強的人，是永遠沒辦法變得更聰明的。

此外，選擇聰明而非技術，也會讓你有更多人選可選擇。如果你將選項標準放在某個特定的技術之上，你可以考慮的人才數目將會受到限制。

讓我很快地舉一個例子。有很多新公司認為他們會在某個時點公開上市，因此他們會要求財務長人選一定要有過首次公開發行的經驗。這一點非常可笑，因為並不是所有的公司會上市，此舉等於是縮小可考慮的財務長人選範圍，可能縮小到只有原來的1%而已。更好的作法是找個最聰明的財務長，他會自己弄清楚公開發行的流程的。（我做過兩次，這並沒有那麼困難）聰明的人不論遇到什麼問題，都能想出辦法處理的。

為什麼聰明會是我第一個選人的標準？因為當你要做一些過去從未做過的事情時，「聰明」是最需要的特質。新公司成立的初期階段常會遇到未知的問題，沒有人有相應的技能來引導你穿過這些迷霧。你是新領域的先鋒，否則你無法為你的點子找到客戶的。在DoubleClick，在這個初初萌芽的媒體裡，根本沒有什麼商業模式，因此我們需要找到最最聰明的人。

你需要的是：能夠思考出所有可能面對的問題，並知道該如何解決的人。

以上說明了「聰明」的重要性。接下來，讓我們看看我是否能定義何謂「聰明」。我認為聰明的人具備邏輯性思考以及創意思考；同時可以將這類思維模式應用到現實生活的商業情境中。

要想從面試的人當中找出聰明的，其實非常困難。以下是我所使用的幾個原則。沒有什麼單一的篩選方式，也沒有哪個技巧是最安全最保險的，但這些都可以作為一個人智力程度的指標。然而，反面也同樣成立：如果某個人沒能通過以下所有或大部份的測試，請特別小心！

1. **他們是否出身於好的學校背景？** 現在，我知道你們有些人退縮了（尤其如果你的學校不好、或根本就是輟學生。請記住，我並不是說光看這一個特質就可以證明智力）。不過，我要冒著被認為過於自負的風險說這句話：上當地的社區學院跟從高度競爭的大學畢業，這兩者當中絕對有很大的差異。

2. **他在學校的表現如何，有哪些表現。** 他們在大學的表現可以作為其智力程度的優良指標。事實上，這甚至可能有負相關。回想一下，那些總是在學校拿到好成績的好學生們。他們是真的聰明嗎？還是著迷於「拿到好成績」？是因為所有事物對他們來說都簡單到不行，因此而得到好成績？還是因

為在那些學科上下苦功、不斷苦讀而得的呢？我比較喜歡看到人們在好學校不只是「產生」好成績而已。他們有沒有兼差或兼職的工作？是否參與任何運動或團體？因為讀書蟲通常不會是充滿街頭智慧的「生活達人」，即使他們在學校很厲害。這就是為什麼需要看看他們課外活動表現的原因了。

3. **請他解釋你的事業在做些什麼**。即使他們來面試時，可能對你的公司所知非常有限，但聰明的人通常會有一種不可思議的能力，能說出你正在做的事情當中，一些基本的元素。他們可能會講錯一些事情，但如果他們夠聰明，他們思考的方向至少會是正確的。他們會清楚掌握你公司在做什麼、競爭者是誰、以及這個事業的整體概況大概是如何。

較不聰明的人在面試時會試著亂吹一通，或者就他們對你公司所知不太重要的一小部份大做文章；在你詢問他們其他事情時，很快就會陷入茫然。這會是非常尷尬的。聰明人會清楚知道哪些是重要的。

4. **詢問一些簡單的邏輯問題**。或許，要測試應試者的智力程度，最簡單的方法就是詢問一些能測試推理能力的問題。班恩（Bain）以及麥肯錫（McKinsey）等企管顧問公司、還有像微軟這一類的公司都使用這種方式。

他們的作法就是，問問對方一些看來似乎無法回答的問題，例如：

・紐約每天有多少人死亡？

・全美國有幾個加油站？

・如果你在海洋最深處的海面上丟下一個砲彈，這個砲彈沈

到海底需要多久的時間？

・下水道的蓋子為什麼是圓形的？

・每一分鐘有多少加侖的水流經密西西比河河口？

你要找的，不是「正確答案」，這一類的問題大部份都沒有正確答案。你要看的是：

1. 證明應試者可以找出解決問題所需重要變數的證據。

2. 應試者是否能在合理的時間之內想出合理的預估。

以「紐約每天有多少人死亡？」這一個例子來說，最重要的變數不是如許多人假設的謀殺率。謀殺所引發的死亡佔的比例相對而言是低的。最大的變數是整體的平均餘命以及人口數。如果你知道大約有多少人居住於這個城市（假設是八百萬）；另外，你也知道人們的平均壽命是多少（假設是75歲），那麼你就可以對每天死亡人數做出合理的猜測。

同樣的，我要再次強調，你要找的不是某個特定的答案（例如，每天在紐約有292個人死亡），而是要看應試者處理這個問題的方式。

為什麼要做這樣的練習？為什麼不讓人們回去研究這個問題，而是現場回答？這樣做作的理由有好幾個。首先，如果我們讓他們拿回家慢慢寫，而且愛花多少時間就花多少時間，那麼每個人都可以滿分。

但還有一個理由更重要。對大部份的企業問題來說，很少有百分之百確定的答案。在作大部份的決策時，你永遠不可能拿到所有需要的資料。你必須適應這種情形，因為這就是企業的常態。你必須用不完整的資訊找出你能力所及的最佳答案。而這需要的是健全

的思考模式以及常識。

這正是你在此處所要尋找的特質，雖然不見得能找到。當你問人們這一類的邏輯問題時，有時會得到相當荒唐的答案，讓你嚇一大跳。

當我在喬治亞州工作時，我曾問過某個人，亞特蘭大每天有多少人死亡。他的第一個反應是：他不確定答案，但他知道怎麼找出答案：他一天裡追蹤城裡所有的救護車；後來他又說這不管用，因為救護車有可能是從阿拉巴馬州來的。

當你得到這一類的答案，千萬不要雇用這種人。他們可能沒有你所需要的那種智力水準。他們注定不是你的員工，而注定是你的私房趣聞。

尋找運動員

聰明是很棒的特質，但光是這樣還不夠。除非人們把他們的智力拿來「使用」，否則不會產生任何利益。

正是因為這樣，我在面試時也會嘗試發掘另一個特質：他們的競爭性有多強。

我要尋找的是以下四點：

1.我愛運動員

此處所指的是具備這種特質的人，他不見得一定要曾經參加某種比賽。重點是這種特色，而不是大學代表隊的經歷。

在運動比賽當中，輸與贏通常只在一線之間。我還很清楚記得我第一場摔角比賽的情境。我被攻擊得很慘，對手比我更快、強壯，在前五分鐘就已經主導全場（摔角比賽只有六分

鐘而已）。接著，奇蹟發生了：對方停止攻擊我！在比賽的最後一分鐘，我把他緊緊按住，結果贏得了比賽。

在那一天，我學到一個珍貴無比的教訓：贏家會奮戰到最後一刻。

在運動裡，我們將一個人忍耐某個限制的能力稱為「痛苦門檻」（pain threshold）。根據這個理論，當一個人的痛苦門檻越高，他持續奮戰的時間就會越長。在嘗試建立新創事業時，不管是新公司或在既有組織內成立新部門，你都需要找到痛苦門檻高的人。

我們所謂的「運動員」也可能在棋社或辯論社當中找到。重點是，這種人會持續展現出他們的競爭力，以及贏得勝利的決心。如果某個人有這種特徵，將會以某種形式清楚顯現；如果你沒有看到這些，那麼表示這個人根本沒有這種特質！

新市場的戰爭可能是非常殘酷的。你需要一個痛苦門檻高、且有凝聚力的團隊，來驅逐競爭者，讓他們知難而退。這就是為什麼要找具有運動員特質的人。當一個聰明的運動員面對磚牆時，他會找到方法繞過去、穿過去、或從下面鑽過去。他會絞盡腦汁思考如何突破這面牆，直到障礙克服。DoubleClick的聯合創辦人杜懷特・莫立曼（Dwight Merriman）就是我所知的最佳「運動員」。我沒看過哪個技

術問題是他解決不了的。其他人可能會放棄，聲稱這個問題根本不可能被解決、或需要花很長的時間，但杜懷特總是能找到簡單的解決方法。

雇用聰明的運動員將能大幅增加你公司的成功機會。我愛運動員還有另外一個原因，就是讓他們如此堅定的特質：害怕失敗。驅動大部份運動員的動力，不是「想贏」，而是「怕輸」。

這也可以用在那些開始創立事業、或正在成長中的事業經營者身上。他們害怕失敗，所以會盡所有可能做出所有努力，確保「失敗」這件事不會發生。他們也跟贏得勝利的運動員一樣，會不斷持續前進，直到找出解決方案、或是堅持到結束為止。

問問你自己，哪一種感覺比較強烈也比較持久：是勝利的興奮？還是失敗的苦惱？

創立一個新公司需要具有強烈承諾感、願意全力投入的人才。新創公司是個非常具有挑戰性的地方，你會在此經歷許多想到想不到的混亂以及障礙。你沒辦法在公司一路上遇到障礙時，逐一拯救員工脫離險境，這就是你需要尋找運動員的關鍵原因。他們處理過許多困厄之境，並且克服了不少的艱困時刻。

2. 其他競爭心態的指標

並不是所有人都是運動員，因此我們可以又觀察看看是否具有競爭性的線索。或許他參加辯論社、在學生政治圈活躍；或者是棋社社長。實際是什麼活動並不重要，關鍵因素是：他所參加的活動是否具有競爭性？

3. 他曾在什麼樣的公司工作

就跟大學一樣，好的公司也會合理地篩選聰明人才。在微軟工作會比曾在某家已經倒閉的軟體公司工作要好。此外，注意他在組織內晉升的速度有多快。

過去的表現或許是檢視是否徵募到最棒人選的最重要因素。

4. 不要找那種不斷換工作的人

我很討厭不斷換工作的人，就是那種換工作的數目跟年資差不多（甚至更多）的傢伙。踏出大學之後，作了一兩次錯誤的工作決定，這是可以理解的；但當你看到某個人幾乎固定每一兩年就換一個工作時，千萬不要雇用這種人。

他很可能會告訴你，他離開上一個工作的原因是：他沒得到理應得到的晉升；但事實上是：優秀人才會持續獲得晉升，而差勁的人則是會持續被跳過不予考慮。我看過被炒魷魚的人裡面，幾乎每一個都會責怪其他人，說是其他人（除了他

自己）害他落到這種下場的。

這一點非常容易。不要雇用不斷換工作的人。一旦你的公司遭遇壞時機（這是絕對不可避免的），這些跳槽成性的人就會拍拍屁股走人。即使公司情況不錯，這類人待個一兩年也就會走了。所以，從一開始就別招惹這些人吧。

機會與目的

除了聰明與運動員特質之外，我還會再觀察應試者的其他幾個部份。

我會看對方是否對這個事業充滿著熱情。

我曾經面試一位哈佛商學院的 MBA，我問他是否有可能為 DoubleClick 工作。他說「沒問題，就算是賣釘子也沒關係，那不是重點；重要的是要參與在這場遊戲之中」。我很欣賞他的誠實，但他對我們而言並不是個「對」的人。

你必須要對自己所要作的事情充滿熱情。我最喜歡的研究之一顯示，員工對其工作是否開心，跟他們所擔任的職位或公司關係不大。你對於謀生所必須作的事情感受如何，的確涉及你的同事、老闆以及報酬。但這份研究顯示，在工作滿意度上，最大的因素是你自己。你必須相信公司所做的事情，否則，你不會感到快樂的。

有許多公司會非常強調要找具有「團隊合作」精神的員工。你一定聽過那句老話：在「團隊」一詞中沒有「我」這個字。我個人認為，團隊合作的概念被過度誇大了。沒錯，你希望找到一些可以跟其他人相處得來的員工，經理需要能夠團隊合作，但事實上，幾乎每個重大的突破都是由個人——而非團隊——創造出來的。

我的下一個重點對很多人（尤其是新創立公司的人）而言，可能是有點反直覺：我認為，雇用出身於大公司背景的人，將會為你帶來很大的優勢。

新創公司通常會對於大公司背景的人多有猜疑，擔心他們只是高薪的官僚主義者，一定沒有新創事業的正確心態。我認為，大公司能成為大公司，畢竟還是有道理的。毫無疑問的，大公司難免會雇用到一些相當無用的人；但仔細研究之後，還是可以從這些大公司當中發現一些很棒、很成熟的人才。

如果你擔心應試者是否有能力從大公司轉換到小公司，以下提供我的作法，這是經過實際使用真正有效的：強迫他犧牲某些確定的報酬（現金）以換取更高的機會（選擇權）。此舉可以幫助你快速刪除官僚份子，找到真正具有創業者性向的人，也就是尋找機會的人。你的目標是在未來成為一家大公司，因此，雇用一些知道大公司運作模式的人，對你而言相當有價值。

關於這個主題，我最後再提出兩點：

1. 如果你不認為他能做這個工作，就不要雇用這個人。
2. 要不斷自問以下這個問題：「他是擔任這工作的最佳人選嗎？」

當這些原則用白紙黑字寫下來時，看起來似乎是理所當然；但有時候，當人們有增加人手的需求時，就會說：「有人總比沒人好。」這想法是錯誤的；錯誤的人會引起很多的損失，尤其是在公司初初開始的階段，因為每一個行動都是重要的。所以，最好還是等待對的人出現吧。

最後，我不知道這一點有多科學，或要如何建立一個系統來做到這件事情，但我對於雇用的最佳忠告是：雇用你喜歡的人。假設他們都有你要尋找的特質，再加如果你喜歡你雇用的人，將會有很大助益的。

當你嘗試開始進行某件事情時，你會跟這些人長時間待在一起，相處時間可能長過你跟家人的時間。所以跟你喜歡的人在一起工作，你自然會更努力、做得更好。每次我違反這個信條時，我總是會後悔。日後你會花許多時間跟這些人相處在一起，因此，如果你喜歡他們，將會讓你們的互動更容易一些。

當你發展一個小型事業時，一切都需要發揮槓桿作用，以小博大。請尋找能把工作完成、並協助公司往下一個挑戰前進的人才吧。

建立組織

找好員工之後，接下來你要開始建立你的公司、或是在既有組

織內開始這個新的專案了。

　　新事業的創辦人通常有著偉大的願景；可惜的是，他們的願景通常不只一個，而且沒能把任何一個跟其他人做好溝通。你需要專注在單一的願景之上，同時也要不斷、不斷地跟其他人溝通這個願景，一對一的、小團體、或整個公司。你需要不斷重複這個訊息，直到所有人都清楚這個願景為止。

　　你可以邀請人們建立化願景為真實的策略，指引公司前進的方向，藉以強化這項願景。使用BPT來建立公司策略是相當有效的。比起被掐著脖子強迫執行某個策略相比，人們對於自己協助建立的策略，當然更有興趣追求與執行。

　　在進入組織設計之前，我再提最後一個想法。要人們賣命工作不是大議題；重要的是他們的思維要夠大器。我們通常會對微軟、甲骨文以及戴爾這一類的公司敬畏有加，覺得它們真的很大！也許我們心裡想，我們絕不可能建立一個像它們一樣大的公司。但如果你不相信你可以建立一個大公司，其他人就更不可能相信了。你要先相信（真正相信）自己可以建立一個具有領導地位的全球大公司；接著也要協助其他人，也相信同樣的願景。

　　回到1997年，DoubleClick 雇用了克理斯・撒利達奇斯（Chris Saridakis）以及大衛・羅森布雷特（David Rosenblatt）來協助設立一個新的事業——DART。簡單來說，這個技術就是讓廣告主可以在網路上傳送最能精準瞄準目標市場的廣告。舉例來說，你可以到搜尋引擎中，鍵入關鍵字「新車」，接著一個福特汽車的廣告就會跳出。當時已有一些公司在做這一類的事情，因此我們知道，想要獲取市場領導的地位將會是一場艱難的戰役。

克理斯與大衛的第一個工作就是要建立這個事業的策略。一個多月之後，他們回來作了簡報，說明他們的計畫，這計畫需要雇用十到二十個人力。我告訴他們，我很驚訝只要這麼少人就可以在這個產業取得領導者地位。他們回答我，當然可能需要比這還多的人，那些人是「建立事業」必要的人，而不是「在產業取得領導地位」所需要的。

我請他們回去重新思考一個計畫，一個能讓我們明顯成為領導者的計畫。克理斯和大衛後來帶回來一個更積極的計畫，接著便依此建立一個大事業，現在成了市場的領導者。

今天，克理斯與大衛清楚知道，思維的唯一原則就是──「格局要大」！這也是你從零開始建立時需要思考的格局。

將架構就定位

我們已經談過你應該要雇用的哪一類的人，接著我們談談雇用的時機。記住！只有在你需要的時候才雇用人。簡單來說，在你沒有營收之前，不需要請財務長；在公司還無法透過公關獲得任何優勢之前，也不需要請公關人員。

沒錯，你要建立一個能夠主宰產業的組織，但在非必要之前，不需要花費不必要的成本，為公司帶來沈重的人事費用負擔。

這是一種取捨，但在一開始之時，你可以先買各種專家的時間──律師、會計師、以及各種類型的顧問。你在一開始時不需要雇用全職的人力。

一旦開始建立你的組織，公司也開始成長，你會需要某些正式

的組織架構。你可以選擇以下三種形式之一，我個人認為，所有組織都有其惡，執行長需要為其公司思考、選擇「惡」處最小的那一種形式。你可以用以下方式來規劃組織：

◆ **依不同的功能**。所有財務人員在同一個部門工作，並且隸屬於一個財務經理；人力資源的人在同一個部門工作，並歸人力資源主管管轄等等，這一種形式即是依照功能劃分組織部門。

◆ **依不同的事業單位**。人們被組織成一個個迷你公司，每個迷你公司都負責不同的產品或服務給某個特定市場。

◆ **矩陣式組織**。如果管理者無法決定要使用功能或事業單位，可以使用矩陣式架構，其中有各式各樣的虛線報告關係。

如前所述，唯有當你開始成長時，才需要思考這個問題。不管你怎麼看這三種形式，每一種都有其缺點。

> 每一種組織都會有其惡，你必須要選擇缺陷最少的那一種形式。

這其中牽涉到對「效率」與「效能」的選擇。如果你希望更有效能，依照事業單位來劃分組織是最有利的，尤其如果你要推出新的事業。事業單位別的組織非常聚焦，而正如我在本書中不斷強調的，聚焦是致勝的關鍵所在。

　　你可能會告訴我，用功能劃分組織是比較有效率的；但這種方式很少能發揮效能。一個部門通常沒辦法自己完成任何事情；更糟的情況是，按照功能部門來劃分組織，代表你的員工會花大部份的時間向「內」看，而不是向「外」思索客戶需要什麼。

　　按照理論來說，矩陣式組織應該兼具效能與效率了，但這種形式有兩個主要的問題。每個人都直接隸屬於一個主管（亦即該部門的最高主管）、又間接隸屬於另一個人（各專案的負責人），事情必然陷入泥沼，動彈不得。既然決策要持續往指揮鏈上游傳送，你的員工就會距離客戶越來越遠，也越來越無法掌握，到底要為客戶做到哪些事情。或者，兩個領導者也可能會作出相同的決策，導致行動遲疑不決。

　　一般普遍地認為事業單位並不是特別有效率，這一點是對的。畢竟，每個事業單位都可能有各自負責財務、人力資源、帳款以及行政管理的人，而不是集中在單一部門處理。但事業單位在完成事情上，卻是最有效的一種形式，因為這種模式是依照「銷售某一特定產品或服務」而建立的組織型態。

　　當你開始某項新事業之時，以事業單位來架起你的組織，接著，請思考如何以最快的方式晉升你最優秀的人才。

　　找到你可以信任的人，接著，非常非常認真地傾聽他們。

晉升聰明的運動員

諷刺的是，沒有人「有資格」獲得晉升。晉升的整個概念是將某個人向上移動，擔任一個他以前從來沒有擔任過的職位；因此，沒有人會有資格。這種固有的諷刺可能是大家都會向組織外尋找資深職位候選人的原因。他們會找某個以前曾經做過這項工作的人。

當你剛開始建置組織時，你需要建置足夠的人力資源基礎建設，以便含括公司經營所必須的基本技能。如果你剛開始成立公司或事業，你可能被迫要向外尋找你所需要的人才。

不過，如果你的公司已經運作一段時間，我的經驗是：晉升一個你已經熟識的人（包括他的缺點也一清二楚），好過於一個完全不認識的人（而且也不知道他有哪些缺點）。如同常聽到那句老話：「已知的惡魔好過於未知的」。

重點是什麼？以最快速度晉升你的聰明運動員。將這些人逼到極限，他們對此會做出的回應會讓你大大吃驚。快速的晉升會對其他聰明的運動員釋放出一種訊息，並且給了他們更高的追求目標，如此，組織以及每位成員皆是全贏。我們試著要以最快的速度晉升我們的超級明星，確定他們得到想要的工作與職位。我們邀請凱文‧萊恩擔任財務長，後來，他很快成為公司董事長、接著是執行長，當時他也才三十幾歲而已。大衛‧羅森布雷特也在短短幾年之內，從一個幕僚人員晉升為掌管 DoubleClick 大半業務的重要人物。

我知道自己從來沒符合我的職位所需要的資格；但我夠聰明，能想出哪些事情是需要完成的。這原則對所有你雇用的人來說，也

應該是成立的。

這讓我想到另外一點，這一點看似再清楚不過，但有太多時候卻又非如此：年資不是重點。你晉升某個人是因為他可以勝任那個工作，或是你相信他能做好那個工作；而不是因為他已經跟你共事很長的時間。

很多員工的安全識別證上，名字之下都有個員工編號，這是非常常見的。這個編號通常意指他們在這家公司的時間，編號越少，待在公司的時間就越長。我們可不這樣做，因為你什麼時候被雇用的並不是重點；重要的應該是，你現在為公司做什麼樣的工作。

「我們需要談一談」

當然，你所雇用的人當中，有某個比例的人是無法勝任的，這是必然的情形。當這種情形發生之時，你需要立即採取行動。沒錯，你需要跟這個人坐下來好好談談，仔細發覺問題出在哪裡，並且建議明確的行動，讓對方可以遵循以回復正軌。但你也需要知道，這些改變可能不會真正發生、或改變得不夠；以致無法證明公司值得再發給他薪水。

當這種第二次的機會也沒奏效時（根據我的經驗，這很少能奏效），你就必須要讓此人離開。這一點非常難，我個人在這一點上也做得不好。你會想要留住人，沒有人喜歡開除員工的；不過，有時候還是得這樣做。

如果你的員工：

◆ 沒有達到他們的目標。

◆不斷為自己沒能達成負責工作應有的目標而找藉口。

◆持續將你跟公司置於不利之境。

那麼你必須要做出改變,越快越好。

留住員工

你已經作了非常詳盡的研究,確保自己為公司找到最適當的員工;你也已經淘汰了不適任的人選。那麼,你要如何留住這些最棒的員工呢?

很明顯的,薪酬制度是重要的。但讓他們對於這家公司具有擁有權也是非常重要的。

我們先談談待遇的部份。

你付給人們什麼,並不是一個工作(或建立組織)最重要的事,但它的確重要。

薪酬可以分為兩種類型:

◆確定的(金錢)

◆有增值潛力的(股票或選擇權形式的紅利)

依據你公司發展的階段,來對上述兩者作不同比例的搭配以求取平衡。

在公司的早期階段,應該全數提供明確數字的現金報酬給員工。此處所談的是賴以維生的薪資,這是要他們繼續工作所必需支付的最低金額。你可能沒辦法付超過這個標準的薪資;而員工如果聰明的話(他們應該是聰明的,因為這可是你在徵才時第一個重視的特質啊),他們會希望分享公司的成長潛力,他們會希望分得公

司股票。光是賴以維生的薪資，對他們應該不是很大的困擾。

當公司漸趨成熟，你的人力組合擴展包括了更多有經驗的員工時，你會需要調整薪資制度，較大的權重還是放在現金；但有少部份的選擇權。（年紀較大、更有經驗的員工大部份都已有家庭，因此只靠基本維生薪資對他們來說比較沒有吸引力，或者根本就不夠支付其開銷）

在理想的狀況下，你會希望盡可能付少一些的現金報酬。我知道這聽起來有一點刺耳，但如果你觀察兩個極端的可能性，你會知道為何如此。如果你付的不夠，沒有人會想要這個工作；而在另外一個極端，如果你付過多，公司永遠沒辦法獲利。

薪酬全都依照人力的供需情形而定。在就業情況良好之時，你就必須付多一些；在景氣衰退時，則可以付少一點，如此不斷進行。付出你必須要付的金額，但不要超過這個限度。

我相信所有的員工都應該要有選擇權，即使只有一點點而已。選擇權是一種證券形式，讓員工有機會可以低於市價相當多的價格購買公司股票，但它的作用不止於此；會是一種綁住員工的好方法。

讓我打個比方，說明我之所以認為每個員工都應該有選擇權的原因。你對待租來的車子跟自己的車子會不會有所不同？當然。你會保護自己的車子，善待它；因為這是你所擁有的。你會盡可能「虐待」租來的車，因為這車不是你的。

讓所有員工都能擁有公司一部份，這將會改變他們對於自己工作的觀點。你會驚訝地看到，一位接待人員如果擁有公司一部份的話，將會讓外界對公司的認知有多麼正面的影響。下次你遇到一個

討厭的接待人員時，問問他是不是公司股東。我敢打賭一定不是。

給所有員工選擇權，也代表你可以對等地跟他們談話。這會釋放出（正確的）訊息，讓對方知道大家都在同一條船上。以前在老式的公司裡，只有高階主管配有選擇權；但這種封建制度已不適用於今日世界。

我喜歡支付員工股票，還有最後一個原因。我希望人們感覺到一些「痛苦」。我希望如果公司不成功，他們也會受到一點點傷（至少一點點）。他們跟公司的命運需要相連在一起。

每個人都想在現金以及選擇權這兩者上要到最多，但如果兩者都要滿足，公司可能存活不下來。在早期階段，我會讓對方選擇，如果要多一點現金，就必須拿少一點的選擇權。當人們被迫要透過取捨來重視選擇權時，通常都會選擇選擇權。如果他們要太多的現金，那麼請你別再此人加入！他們不是能協助你達成目標的那一種人。

一般來說，創辦成員以外的員工會佔公司股票選擇權的10到20%。多年以前，我曾調查過一些創投以及公司，想要找出選擇權薪資組合的比例。彙整後作為初期階段公司（上市之前）的原則：

職　　稱	在外流通股數的平均百分比
執行長	4.00％
副總裁	1.50％
總監，資深管理階層	0.36％
資深工程師、經理	0.40％
重要人物、超級業務員	0.18％
業務代表，工程師	0.14％

老闆的角色

最後，讓我們談談老闆在其中扮演的角色。身為領導者，你的工作是為組織設定策略以及優先順序；並且集中焦點在手上的任務。你持續而一致地建立組織前進的方向與目的地，並且以正直來作為行為準則。

其他所有的事情都交給你雇用的屬下完成吧。

本章摘要

1. 雇用你所能找到的最聰明人才。如果你被迫要在「完美技能、但智商只有一般水準的人」跟「非常聰明的人」之間做選擇，請選擇聰明人。聰明的人會思考出哪些事情是需要完成的。

2. 尋找運動員。尋找那些習慣處於競爭狀態中的人。

3. 別擋了員工的路。老闆的角色是要確認組織往對的方向前進，並且行動正直；此外也要確認自己雇用的聰明運動員們握有完成工作所需的資源。

第七章
本書重點摘要

我們在前面的內容當中，已經談到許多主題了。儘管我在其中談到很多不同的想法，但其中有一個中心思想是一以貫之的：只專注在你要邁向成功所必須作的事情之上，其他的事情都請略過。

我在總結的這一章也將運用這個原則，以下是本書的摘要：

◆ 機會在你手上。

如果你想要「無中生有」的話，首先要確認的就是這一件事。

自此，其他幾件事情就會隨之產生。首先，你要對你所想出來的點子充滿熱情。將你一生之力投注於可能沒有效果的點子，就已經夠慘了；如果你對這個點子沒有熱情，那情況更慘。　第二，你需要設法讓機會對你有利。這就是我的作法。基本上我是非常懶惰的，我永遠在尋找更好、更有效率的做事方法，也正是因此，我才會想出這套無中生有創立新事物的方法。

◆ 腦力激盪排序術（BPT）

BPT的設計就是用來協助你創造出許多的選項，接著再快速地縮小範圍，篩選到剩下幾個需要專心投入的重要領域。

你沒有時間坐下來等著某個超級點子來敲你腦袋的大門。即使你真的有這樣的時間，而點子也真的出現了，一個點子可能是不夠的。你會想要收集到最多的點子，如此才能挑選出絕對最棒的那一個。這就是BPT派上用場的地方。

邀請適當的人到房間裡，謹慎地定義問題，接著花大約二十分鐘的時間進行腦力激盪，將所有可能的點子都激盪出來。一旦進行的差不多之後，將某些類似的想法合併。在點子都整理清楚之後，將所有的想法數目除以三，這就是每個人的投票數，每個人對每個點子只能投一票。

圈出獲得最高票數的前三到六個點子。除此之外的，請放到一邊去。接著，開始進行你的研究。

BPT 讓你可以把所有可能的選項都放到檯面上來，並幫助你建立共識，因為每個人在那些獲得最高票數的點子形成過程當中，都有發言與決定權。

◆ 點子

最後你得選出一個點子，只能選一個，這就是未來你要專心致力的唯一目標。沒有人有足夠的精力、時間以及資源（包括金錢以及好的人才）同時發展一個以上的點子。你需要聚焦、聚焦、聚焦。

最好的點子能解決重要的「需求」──不是「慾望」（想要的東西），而是基本需求。人們必須要真的「需要」你所要提出的產品或服務。這個需求越大，你的產品或服務就要能越妥善地符合這個需求。

最成功的點子通常都有大量的技術成分在其中。技術永遠可以讓你把事情作得更好、更快、而且成本更低。

談到這一點，如果你的點子會讓你置於既有的競爭當中，你必須要比現有的產品或服務好十倍、成本低十倍。如

果只有比現有的產品或服務好一點點而已,沒有人會願意作轉換。有了點子之後,現在你需要建立一個策略,來將你的點子推上市場。

◆ 策略

在此,你要將焦點放在幾個基本原則上。你的產品要包含哪些元素?(正確答案是:只包含人們絕對需要的那一些元素。關於其他「如果有也不錯」的功能,請保留到產品的第二或第三版的時候再加入)

為了更進一步精鍊策略,請運用 BPT 來思考你對產品所需要作的每一個決策,例如:

· 你要如何定價?
· 你要如何銷售?
· 你要如何定位?
· 你要如何處理跟競爭者之間的問題?

這些問題的答案構成了你的營運計畫。在這份計畫當中,你需要一份簡短(大約半頁左右)而且吸引人的摘要。營運計畫將是下一階段的重點所在。

◆ 金錢

一定要謹記以下兩點:

1. 一定要募集到你認為你所需還多的錢(最好多個兩倍),沒有一家公司的營運資金會嫌多的。
2. 永遠要在你認為不需要的時候募資。這種時候要找到錢是

比較容易的；條件也會比較好。如果你非常渴望金錢挹注，千萬不要顯現出來，因為人們只會給一點點給這樣的人。

你要在哪些地方籌資？首先，先從自己開始，接著再到朋友家人。在此之後，你可以尋求天使投資人、最後是創投公司。如果你真的作得非常好，就可以公開上市，向大眾募資。

◆ 人才

雇用最棒的員工來幫助你，將你的夢想落實成真，這是整個創業成功的最後一個關鍵因素。盡可能找到最聰明的運動員。找聰明的人是因為：聰明的人每一次都能擊敗不怎麼聰明的人；而找運動員則是因為：只要有機會，運動員就不會放棄「贏」的希望。他們會保持在競爭狀態；通常，公司若能承擔痛苦稍微久一點，就能贏得最後勝利。這就是你需要運動員的原因。

企業的經營重點永遠都圍繞在一些基本的事情之上。

最後的思維

如前所述，你的機會多的是。遵循這些步驟可以將機會對你更

為有利；但其中仍然充滿風險。這就是你需要對所做之事懷有高度熱情的原因。「貧窮但快樂」要比「貧窮又悲慘」好一些。

最後，祝你好運！但其實這一切跟運氣沒有太大的關係……

附錄

創造一個營運計畫
：DoubleClick營運計畫書

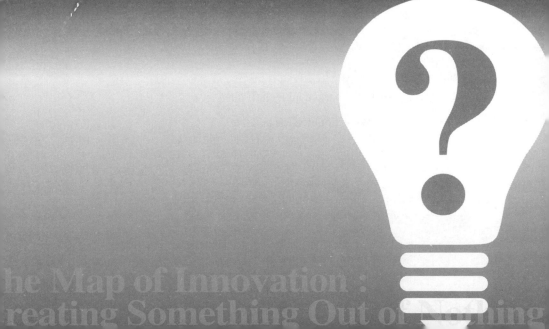

在整本書當中，我們不斷提到，創造一個簡短而聚焦的營運計畫是非常重要的，這個計畫將會清楚說明你想要作的是什麼。如果你的營運計畫撰寫的夠好，將能引起潛在投資人拿出他們的支票本；同時也能鼓舞最棒的潛在員工加入你的團隊。

以下是我們在成立 DoubleClick 時提供給他人參考的真實文件。在這份營運計畫書的內容，我在其中也加註了一些解釋。

營運計畫（機密（註①））

DoubleClick公司

（公司LOGO）

「DoubleClick.net提供最能瞄準目標市場的網路廣告」（註②）

聯絡人資料
凱文・歐康納（註③）
電子郵件：koconnor@doubleclick.net
網址：http://www.doubleclick.net

【提要（註④）】
網際網路的發展是全世界的趨勢，提供電腦產業一些相當棒的機會。今天，尼爾森（A.C. Nielsen）估計，光在北美地區就有超過17億的網路使用者。IDC預估網際網路在接下來的五年之內，使用

者會成長到100億以上。而Hamberecht與 Quist對未來五年的人數預估則是200億。網頁已經迅速成為網際網路上的頭號應用。網頁瀏覽器讓使用者可以透過全球超過五萬個網路伺服器，獲取豐富而圖像化的資訊。

網站奮力想要找出方法，為其網站的內容發展籌措資金。網際網路上「一切免費」的模式對網站發展人員來說，實際上代表了一個進退維谷的困境：如何免費提供具有品質的內容，而仍能維持企業的營運。網路使用者的大幅擴張；以及對於網站需要產生營收的要求，已經刺激出一種新的廣告媒體產生。光是這一年，預估有500億個廣告空間；在2000年，將會有超過400億的廣告空間待售。

網際網路廣告提供的利益對於廣告界來說，是非常具有革命性的。廣告主可以根據廣告曝光次數（廣告被瀏覽的次數）比傳統媒體更為精準地、更有信心地決定觸及率。此外，使用者可以點選廣告以獲取進一步的資訊，甚至可以直接訂購某項產品。

但是，這種既有的廣告模式有幾個重大的問題。小型的網站有幾千個，但它們並沒有能力吸引廣告主；潛在的廣告主也有上千個，但也沒辦法很容易地找到這些小型網站，並且密切監控。只有少數瀏覽人數夠多的網站能夠成功地銷售廣告。今天的關鍵問題以及機會就是：廣告主除了粗糙的網站剖析資料之外，沒有機制能將其廣告精準鎖定目標市場。簡單來說，問題就是：有太多的廣告主、太多的網站以及太多的使用者，但沒有能力鎖定目標，同時也有太多的混亂。

Doubleclick.net（註⑤）可以解決網際網路廣告的所有主要問題。我們在網路上安排最能精準鎖定目標市場的廣告。想像一下，

一個電視節目根據你的基本資料以及興趣，特別針對你呈現出一個個人化的廣告。我們已經建立了最廣泛的網路使用者及組織的輪廓分析資料庫。廣告主可以建立一個最符合其目標潛在客戶的「輪廓」，並針對這一族群提供特定的廣告活動。當使用者連結到某個 Doubleclick.net 會員的網站時，我們可以動態地呈現最能符合該使用者或組織輪廓的廣告。Doubleclick.net 讓廣告可以快速決定以及控制某一廣告要引起注意所需要的最佳頻率，並且追蹤客戶回應情形。這個史無前例的系統將讓廣告主有能力執行高度鎖定目標市場、同時具有成本效益的網路廣告活動。我們提供廣告主所有直效行銷活動的利益，但只收取廣告的價格。

網站也可以由 Doubleclick.net 獲得相當驚人的利益。當一個使用者進入 Doubleclick.net 會員的網站時，我們會自動且動態地顯示符合廣告主目標市場的廣告。當網站加入 Doubleclick.net 成為會員、廣告開始呈現之時，就開始產生收入了。營收中有一大部份的比率是回饋給 Doubleclick.net 的會員以達鼓勵作用。Doubleclick.net 的模式可以讓網站將焦點集中在發展內容以吸引更多的使用者，而不是疲於奔命地要業務拉廣告以支持網站營運下去。即使是網站使用者，都可以因此而獲益。看看今日的世界，全面性、無分別的廣告無所不在，透過 Doubleclick.net，使用者看到的廣告都會是跟他們的環境及興趣相關的。

我們相信，Doubleclick.net 是一個絕佳的機會。我們將解決今日快速成長的產業內所遇到的一個基本問題。透過頭號業務及行銷組織的合併——前身為 Poppe Tyson （註⑥） 的 doubleclick，加上首屈一指的技術提供者——網路廣告網，我們的定位已經明顯展現

出，我們的確有能力成為這個新興市場的領導者。

我們有信心能利用這個市場闖出一番天地。

【網路廣告市場分析】

趨勢

網際網路的發展是一個全世界普遍的現象，提供電腦產業一些相當棒的機會。網頁已經成為網際網路上的頭號應用。根據尼爾森最近的調查，光在北美地區就有超過17億的網路使用者。這個核心團體包括公司、大學以及其他直接運用 TCP/IP 與網路相連結的組織。根據高盛（Goldman Sachs）(註⑦) 的報告指出，將近有9億的使用者透過線上服務提供者（OSP）連接到網際網路上。網際網路及線上服務提供者每年成長速度在40％到100％之間。我們以50％的成長率來作為我們的預測假設。

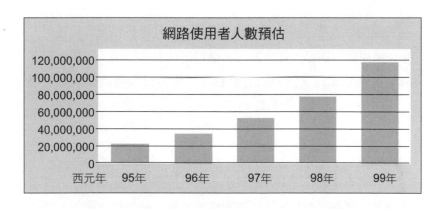

在1994 年末之時，網站超過3萬個、每個禮拜有1,500個新網站加入到網際網路之中。我們預期在未來五年，網站的年成長率應該會在50%左右。

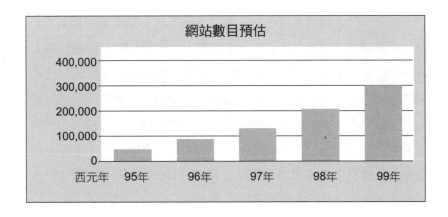

普遍的共識是；網際網路是真實的，而其成長也是爆炸性的。如果你使用網際網路，你會知道、也相信我上述結論。如果你現在沒有使用網際網路，請連結上網看看這個新市場所蘊藏的驚人潛力。

問題

對於網際網路（尤其是網頁），令人困惑的問題就是「你要怎麼賺錢？」沒有經濟誘因，網際網路要成長，是無以為繼的。我們相信，網頁伺服器有四種經濟性分類：

1. 免費資訊型：

組織會使用網頁來跟既有的溝通形式互補，例如電話、郵件、或 BBS 系統。網際網路提供一種低價的方式，讓公司可以在成本極低的狀況下傳送行銷訊息以及顧客服務。許多公司已經都建置了自己的網站，包括微軟、Attachmate（註⑨）、可口可樂、福特汽車以及IBM（註⑩）。

2. 交易支持型：

對於在網路上接受訂購行為的公司來說，服務只是作生意的成本而已。廣告對這些公司來說，也代表了一種機會。今天網路上有許多線上商店，儘管早期報告指出，很少線上商店的經營是成功的。網際網路購物網就是一個以交易來支持的網站類型。

3.訂閱型：

就跟線上服務提供者一樣。這些組織透過使用者的訂閱來賺錢。目前，以訂閱為基礎的伺服器相對較少。要使用者付錢、以及維繫每個伺服器個別客戶的需要是主要令人頭痛之處。Individual、《華爾街日報》、甚至《閣樓》都有以訂閱為基礎的網站。

4.廣告支持型：

這一類的網站伺服器會提供使用者相當有價值的服務或內容（像是一個搜尋引擎或出版物）並且透過廣告產生營收。網路廣告的一個重要特色是：使用者只要點擊該廣告就可以立即取得關於廣告產品的更多資訊。我們目前還不清楚，是否有足夠的消費者作了這些連結廣告，或是根本跳過廣告；不

過根據我們的猜測，在許多狀況下，如果廣告跟使用者是有
關的，他們會點擊連結過去瀏覽。Lycos 以及雅虎就是以廣
告支持的網站類型。

機會 (註⑪)

我們相信，廣告將成為大部份網站的主要收入來源。截至目
前為止，人們一般還是習慣在網路上免費獲取資訊。廣告支持這種
「資訊免費」的運作模式。網際網路的人口統計變項是相當令人
印象深刻的。根據喬治亞理工學院最近的一份調查，網路使用者的
平均收入超過五萬美元，平均年齡35歲，大多數的人都擁有大專學
歷。

然而，廣告模式也有幾個主要的問題。有上千個小網站，無力
吸引廣告主的注意；而上千的潛在廣告主也沒辦法輕易地找到這些
小網站，並隨時監控。只有少數幾個瀏覽人數高的網站能成功地銷
售廣告。

今日，廣告主除了粗糙的網站分析資料之外，沒有其他機制能
夠將其廣告精準鎖定目標市場。簡單來說，問題就是：有太多的廣
告主、太多的網站以及太多的使用者，但沒有能力鎖定目標市場，
同時也有太多的混亂。

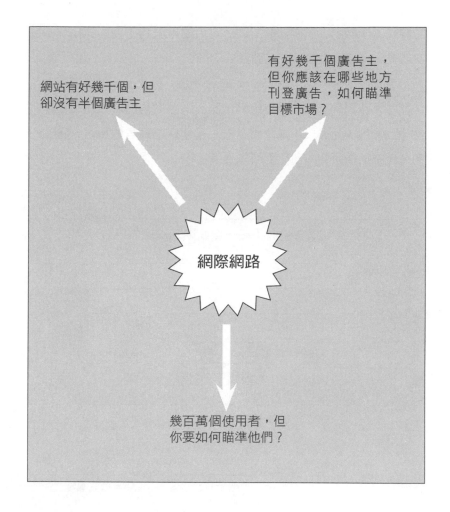

網路廣告一般的定價模式是以每次曝光收取某一費用。一次的曝光是指廣告被某一網頁瀏覽器播放出來一次。根據廣告的置放位置不同，廣告很有可能會被使用者注意到。一個網站可以追蹤曝光的次數，而目前市面上有多種監控工具（例如 I/PRO）是可以準確

計算曝光次數的。這個監控工具也可大略地分析出網站的輪廓。每次曝光的價格一般多落在二到三分之間。

　佛斯特研究機構（Forrester Research）預估，今年企業將會花10億在網路上刊登廣告。該機構預測，網路廣告的收入在2000年時會達到22億美元。以下是我們對未來五年網路廣告的預估，我們的預估比佛斯特研究的預估要保守許多。

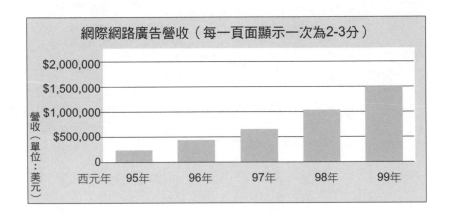

	成長率	95年	96年	97年	98年	99年
網際網路使用者總人數	50%	23,000,000	34,500,000	1,751,000	77,625,000	116,437,500
每天平均瀏覽頁面		3	5	7	9	11
顯示廣告的頁面比例		4%	7%	9%	11%	13%
顯示一次廣告的平均成本		0.02	0.03	0.03	0.03	0.03
總市場營收		$20,148,000	$132,221,250	$356,997,375	$841,493,813	$1,823,236,594

影響以上的預測值，大致來自四個變數：

・網際網路使用者的成長情形

・每天被閱讀網頁的平均數目

・每一次曝光的廣告成本

・展示廣告的網頁比重

對於網際網路使用者會持續成長，大家看法一致。在喬治亞理工學院的調查中，有72％的受訪者每天至少使用網頁瀏覽器一次；其中41％每週使用瀏覽器的時間在六到十小時。最近尼爾森的調查發現，平均網路使用者每週花五個半小時以上的時間在使用網頁瀏覽器。

要將網路廣告跟比較傳統的印刷媒體或廣播廣告作一比較，實在非常困難。但是，我們的預估顯示，一個平面廣告要曝光一次大約需要十分；相較之下，網路廣告每曝光一次只要兩分左右，是非常便宜的；而我們認為這個價格會因為瞄準目標市場的精準程度而提昇。對於有廣告的網頁比率，我們採用非常保守的預估，儘管我們認為實際比重應該是更高，因為廣告對網站而言，是個賺取收入的迷人工具。

簡單來說，網站需要廣告主；廣告主需要有能力，以簡單而不昂貴的方式，將廣告瞄準使用多種網站的網際網路使用者發送。我們要處理的數量每年都在不斷成長。目前的內部基礎建設已經完成可以支援廣告；但現在卻沒有適當工具可以支援大規模網路廣告的後勤作業。doubleclick.net 就是這個工具。

解決方案

doubleclick.net 將廣告主、網站以及使用者在網路上拉攏在一起。我們會安排最能瞄準目標市場的網路廣告。我們創造了廣泛的網路使用者與組織的輪廓資料庫。當使用者連結到某個doubleclick. net會員的網站，我們可以動態地播出最能符合其輪廓的廣告。

廣告主可以建立一個最符合其目標潛在客戶的「輪廓」。當使用者連結到某個 doubleclick.net 會員的網站時，我們可以動態地呈現最能符合該使用者或組織輪廓的廣告。這個史無前例的系統讓廣告主有能力執行高度鎖定目標、同時具有成本效益的網路廣告活動。

網站也可以由 doubleclick.net 獲得相當驚人的利益。當一個使用者進入 doubleclick.net 會員的網站時，我們會自動且動態地顯示符合廣告主目標市場的廣告。網站只要針對既有網頁稍作簡單的 HTML 修改，就可以加入 doubleclick.net 成為會員；之後當廣告開始播出之時，網站就開始產生收入了。對這些會員網站來說，還有進一步的利益是：營收中有一大部份的比率都回饋給 doubleclick. net 的會員。doubleclick.net 讓網站可以將焦點集中在發展內容以吸引更多的使用者，而不是疲於奔命地要業務拉廣告以支持網站營運下去。

網路使用者也可以因此獲益。今日世界裡，大規模而一視同仁的廣告無所不在； doubleclick.net 呈現給使用者的廣告，都是跟他們的興趣有關的。這種瞄準式廣告將會產生更高的廣告點選率。

我們深信，doubleclick.net 是網路廣告成功所需要、但目前還缺乏的那一塊（註⑫）。透過本公司，我們可以透過相當多元化的網

站，對非常明確的目標族群提供大量的廣告。因為這些因素，我們相信 doubleclick.net 可以保住領導地位，同時也常為網路廣告的標準。

　　以下，我們預估 doubleclick.net 在1999（註⑭）年時能獲取9%（註⑬）的市場佔有率。第一個柱狀代表 doubleclick.net 的總收入。第二個則代表與網站營收共享之後 doubleclick.net 的淨收入。因為我們主要的目標是要確保市場佔有率，我們將會慷慨地與網站共享營收。

　　我們假設50%的營收都分給網站，此部份依照各網站刊登廣告的數量與價錢計算而定（註⑮）。

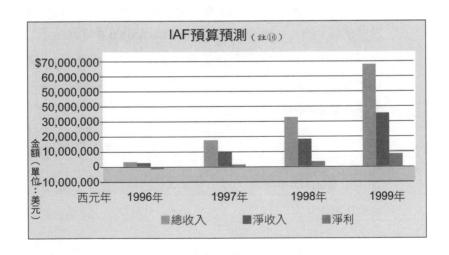

【廣告案例】

　　或許，展現 doubleclick.net 最好的方式就是透過舉例。我們選

擇了一些實際的公司,並且設計了虛構的廣告活動。

案例一:Attachmate

　　Attachmate 是我們前任東家,也是全球第六大的個人電腦軟體公司,該公司有相當多種企業通訊軟體的產品。Attachmate 希望在未來六到九個月公開上市,不過公司缺乏鮮明的品牌知名度。此外,Attachmate 設計了一個以網際網路為基礎的策略,希望能夠盡快上市。以 Attachmate 的需求來說,doubleclick.net可以協助做到以下幾項:

- 鎖定代理商員工的目標市場廣告(「誰是全球第五大電腦軟體公司?」),因為最終是由他們推薦Attachmate的產品給客戶。此外,我們可以用同樣的廣告鎖定所有出版物以及分析師,因為他們將會撰寫有關Attachmate的報導。
- 將 Attachmate 的網路消費產品鎖定在 AOL、Prodigy 及 CompuServe 的使用者,因為他們是最可能升級到一個完整網路產品的潛在客戶。
- 鎖定全球五千大企業中使用視窗作業系統者,提供視窗新版的額外個人Client的廣告給這些目標市場。
- 鎖定所有UNIX使用者,提供新的X終端機產品廣告給這些目標市場。

案例二:微軟

　　微軟目前正在執行一個大規模的閃電式廣告,希望將視窗3.1版的使用者升級到視窗95。經過一段時間之後,視窗95的廣告需要

越來越聚焦。以微軟的需求來說，doubleclick.net可以協助只鎖定視窗3.1的使用者，提供他們視窗95的廣告。

- 對視窗95的使用者而言，微軟可以鎖定訴求將其他應用程式升級為視窗95版本，例如Office軟體。
- 對大公司中的視窗NT使用者，微軟可以專攻BackOffice的廣告。
- 對所有UNIX的使用者，微軟可以專門訴求NT廣告。
- 當微軟在某個特定地點舉辦研討會時，可以針對該特定地理區域的使用者進行滲透式廣告。

案例三：1-800花店

1-800花店希望能舉辦一個即時的廣告活動，完成以下目標：

- 在母親節前一週進行全面性廣告。
- 只有在營業時間進行廣告。
- 調節廣告以控制電話量。

只有透過doubleclick.net，1-800花店才能達到上述廣告目標。我們可以動態地控制廣告量；同時也可以控制廣告的時間以及日期。

案例四：Delta航空

Delta航空打算在亞特蘭大跟莫斯科之間，開闢一條新的直飛航線。該公司想鎖定這兩個地理區域的企業進行廣告。

doubleclick.net可以協助瞄準在這兩地居住或工作的使用者，不管他們連結到哪個網路伺服器，都會看到Delta航空的廣告。

案例五：網路安全系統（ISS）

ISS 是一家小型的軟體公司，其產品可以協助企業在駭客入侵前找到其網路安全漏洞。

透過 doubleclick.net，該公司可以將廣告預算集中焦點，瞄準最可能的一群客戶：也就是使用 UNIX 系統的大型企業。當某一營收超過 100MM（億）、且使用 UNIX 系統的公司有使用者進入到 doubleclick.net 所屬會員的網站上時，ISS 的廣告就會出現。

案例六：內部音響設計（IAD）

IAD 是一家位於亞特蘭大的小公司，主要銷售高檔音響及家庭劇院的設備。

透過 doubleclick.net，該公司可以輕易地鎖定所有在特定郵遞區號範圍內工作的專業人士。

【定位】

我們將公司定位在兩個目標族群上：廣告主以及網站。廣告主是主要的客戶，也是最難接觸到的一群。廣告公司的媒體企畫人員跟客戶經理是我們的主要對象。我們需要讓這個新媒體的定位類似於其他類型的媒體（如有線網路或印刷品）。

我們對於廣告主的定位宣言是：

「doubleclick.net 提供最能瞄準目標市場的網路廣告」（註⑰）

對廣告主而言，我們提供的主要功能與利益如下：

功　能	利　益
高度瞄準目標市場	・大幅降低花費在沒有瞄準目標市場的廣告費用 ・有能力更妥善地控制廣告測試活動 ・區域性的活動現在可以更具成本效能地刊登廣告在網路上 ・更高比例的使用者會點選廣告進一步瞭解內容
doubleclick.net 網際網路「輪廓」資料庫	・高度鎖定目標場，以及高度精準置放廣告，結果讓廣告更為有效
觸及率—— 頁面顯示追蹤	・廣告主只需要支付使用者網頁瀏覽器所顯示的廣告 ・使用者看到廣告的可能性很高
控制頻率的能力	・廣告主有能力決定引起客戶回應的最佳廣告頻率，並能嚴格控制廣告暴露在目標市場前的頻率 ・快速決定有效曝光 ・減少重複的觸及率
集中化的位置	・不再需要跟上百個個別網站打交道，處理廣告置放及稽核的動作 ・將你的注意力集中在目標市場使用者身上，而非網站上
即時互動	・可以動態地創造高度瞄準目標市場的廣告活動，並能獲得即時回應 ・廣告不再需要固定的結束日期，可以運用互動方式啟動並修改廣告活動
廣告點選分析 （doubleclick.net 追蹤所有點選你廣告的使用者，並提供這些使用者的輪廓分析）	・提供關鍵資訊，讓你知道哪個廣告是有效的 ・快速決定有效曝光 ・微調廣告以降低成本，並讓廣告活動更為有效 ・廣告主可以展示的產品資訊數量幾乎沒有限制，甚至可以讓客戶直接下單訂購
詳細報表功能	・廣告主會擁有高度有效的工具，衡量廣告活動是否成功
網站選擇及／或限制	・可以選擇目標市場共通性最高的網站 ・可以針對特定網站或限制網站類別、或特定網站顯示廣告（競爭者、內容）

【廣告及直效行銷的關鍵衡量指標與屬性】

關鍵衡量指標	定義	傳統媒體的困難之處	doubleclick.net 的優勢
接觸	衡量有多少個人暴露在廣告之前的方法	・非常難以衡量，只能根據平均值以及機率為基礎 ・明顯的浪費，更難以瞄準目標市場	能夠非常準確地決定某個廣告是否顯示在使用者前面；廣告被看到的機率大大增加 可以支援高度瞄準目標市場的廣告
頻率	某個人暴露在廣告前面的次數；對於決定引起反應的最佳曝光次數是很重要的指標	以機率為基礎，因為顯示次數過多而產生浪費或在某些視聽眾上的報酬遞減	能夠輕易地決定最佳曝光次數，控制廣告的頻率
瞄準準確度或集中度	有能力根據輪廓或熟悉度，將廣告縮小範圍到一群特定的目標群體	・直效行銷活動是鎖定特定目標進行廣告最有效的方式 ・某些目標市場規模及工具可能會造成浪費 ・可能需要管理大量的工具以觸及目標市場	・可以容易地控制輪廓資料，取得大量具有類似興趣的客戶資料庫 ・對目標廣告提供中央位置 ・具備許多直效行銷的特徵；但只需要支付廣告的價格
行銷活動測試	根據目標閱聽眾、廣告內容或形式、風格來測試廣告策略的能力	要花費金錢，同時也需要相當多的時間	容易測試多個變數，以便快速建立最佳廣告策略
個人化	為特定的目標族群量身訂製訊息的能力	・直效行銷最適合進行個人化 ・需要創造大量的廣告，成本很高	可以動態決定使用者的輪廓，即時顯示出最適當的廣告
立即性	直效行銷中的關鍵，要求客戶訂購以及完成訂購手續	・直效行銷的成本高（每一個人>0.5） ・無法自動化完成訂購手續	・價格非常便宜 ・可以直接在線上下單，花費更少、立即性更高
客戶回應的追蹤	直效行銷中的關鍵，追蹤最近性、頻率、來源以及產品線	必須向代理商處購得清單	立即跟使用者連上線，並可以取得其輪廓、最近性、頻率、來源以及對於產品線的偏好

【網站】

我們覺得，doubleclick.net 提供網站一個「沒有損失」的機會。即使網站已經在作廣告，我們提供的方法可以協助將沒賣出的廣告空間銷售出去。要成為 doubleclick.net 的會員，幾乎不需要花什麼心力。對網站來說，doubleclick.net 所提供的功能與利益如下：

功　能	利　益
為廣告主提供中央位置	・可以立即接觸到大量廣告主 ・降低業務及行銷費用 ・增加廣告顯示的次數，增加營收及利潤 ・讓你可以將焦點放在更好的內容上，而這可以吸引到更多的使用者（更多廣告以及更多利潤）
營收共享	・將閒置的廣告空間轉換為有價值潛力的廣告空間 ・doubleclick.net 瞄準目標市場的能力可以為每一則廣告帶來更高的營收，因此也會為網站的每則廣告帶來更高收入
非獨佔	・在 doubleclick.net 保留既有的廣告主及其補充廣告 ・降低閒置廣告空間，增加營收與利潤
網站廣告交換	免費為網站作廣告，降低行銷成本；增加流量；增加廣告空間；因此獲得更高的利潤
加入簡單	所有動作都可在網路上直接完成，因此你可以現在立刻加入，很快就可以開始坐享廣告收益
對既有的HTML文件修改非常簡單	在短短幾分鐘之內，就可以針對網頁做好修改，並且開始收到 doubleclick.net 的廣告及廣告營收
設定廣告主限制	可以控制哪個廣告主或哪一類別的廣告主不許刊登在你的網頁上

諷刺的是，對 doubleclick.net 而言，最大的問題在於其廣泛的市場吸引力（註⑱）。散佈的深度不夠、或是追逐太多不相關的市場，而沒有在其中任何一個建立起關鍵多數，這樣的風險是非常高的。在思考網際網路的人口統計變項以及 doubleclick.net 的功能之後，我們相信，以下產業將會成為我們在初期關係較為緊密的對象：

・科技

・財務金融

・娛樂業

・旅遊業

電腦產業是網際網路的早期採用者，也將成為我們第一年的主要目標。根據喬治亞理工學院的調查，有31％的回應者是在電腦相關領域。網際網路上有這麼多的網站，在這裡面浮現了一個機會，讓你可以真正在另一個網站上刊登廣告，例如購物網路、甚至公司網站。因為 doubleclick.net 有能力精準鎖定消費者及其所在地理位置，因此旅遊及娛樂業者可能也會受到 doubleclick.net 的吸引。菸草業也是一個有趣的機會，因為它們現在在廣告上受到新的限制，而管制網路的法規較少，因此可能會成為它們最佳的廣告工具。

【產品】

doubleclick.net 的產品主要展現兩個基本功能：系統管理以及傳送廣告。下圖所呈現的大部份流程，都是為了管理系統以便有效傳送廣告給適當的目標對象。只有廣告伺服器的流程是傳送實際廣告到使用者，以及處理點選廣告的動作。

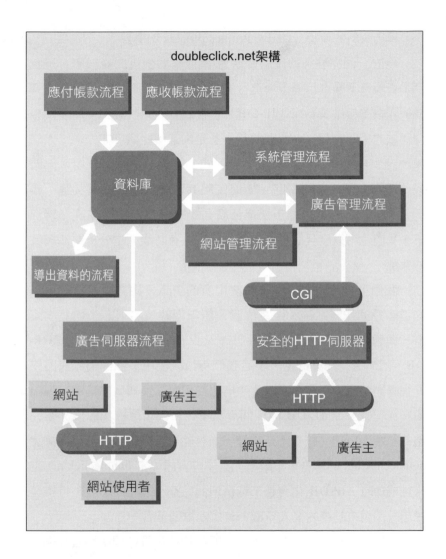

【doubleclick.net的架構】

　　以下我們就上圖所提到的每個流程逐一說明。（註⑲）

一、導出資料的流程（Derive Profiles Process,DPP）

　　建立一個完整且準確的使用者/網域輪廓剖析的資料庫，是我們是否能精準瞄準目標市場進行廣告的關鍵。我們將這個資料庫稱為網際網路輪廓資料庫（IP-DB）。我們有能力收集到使用者及整個網域的相關資訊。一個網域基本上是由某個組織（如公司、大學或政府）、或是一組織的部門（例如，一個公司附屬公司、部門或代理商）所擁有的網路。如同使用者，網域將會發展某種「輪廓」，這對於瞄準目標市場進行廣告是非常重要的。在許多情況下，我們也可以發展個別使用者的輪廓；有時候則是分析整個網域的輪廓。

　　我們可以說出一大堆關於使用者的資訊。比方說，我們可以知道客戶的作業系統、所在位置、組織型態及名稱、公司基本資料、興趣、點選廣告的可能性等等。我們在此不細談如何編譯IP-DB，因為這是商業機密。不過我們可以說使用了數個網際網路或非網際網路的資訊來源，以此建構起使用者以及網域的輪廓。導出資料流程是發展 IP-DB 的一個黑盒子，我們可以編出一個非常完整的初始 IP-DB，接著不斷精鍊、並且隨著越來越多的使用者瀏覽 doubleclick.net 的廣告，不斷增加其中的資訊。當 doubleclick.net 越來越成功時，IP-DB 也會越來越精準而完整。因此，IP-DB 持續建構起一個越來越高的進入障礙，有效阻擋競爭者。

　　以下是一個更詳細的清單，說明我們會追蹤每個使用者及網域的哪些資料：

變數

網域名稱

網域類型：

　　線上服務（例如美國線上）

　　撥接式ISP（如Netcom）

　　商業

　　教育及層次

　　政府

　　軍事

　　地理位置

公司資訊：

　　營收

　　員工數

　　主要SIC（標準工業分類碼）

　　次要SIC（標準工業分類碼）

　　位置

作業系統

瀏覽器類型

IP位址

IP位址獨特性

存取次數

頻率

性別

標題（職稱）

興趣領域

瀏覽網頁停留時間

與某一特定類型廣告連結的可能性

平均的連結吞吐量

已被觀賞過的廣告

二、使用者及網域剖析

　　以上所描述的資料，有些是非常模糊的。在許多情況中，我們會非常精確地知道這些資訊；但有些時候，我們只「可能」知道這些資料、或根本無法得知。舉例來說，大部份的網頁瀏覽器都會告訴我們，它們的作業系統是哪一種類型。但是，對於從美國線上（AOL）來的使用者，我們就不會知道其使用的作業系統，因為AOL的瀏覽器不會接續傳送這個資訊過來。不過，既然美國線上的使用者輪廓是由典型的消費者所形成，那麼他們很可能是使用視窗作業系統。

三、廣告管理流程（Ad Management Process,AMP）

　　廣告主必須要向 doubleclick.net 註冊登記它們要推行的廣告活動。它們選擇了特定的標準之後，以互動式方法建立起目標市場的使用者輪廓。為了要將廣告瞄準目標市場，廣告主可以由上述使用者及網域輪廓及上述的網站輪廓中進行篩選。AMP會根據歷史資料預測可能的顯示次數，以及每週的成本。廣告主也可以控制在哪些網站上展示廣告。廣告主有能力設定一個曝光次數的上限，因此永遠不會超過預估的廣告成本。如果廣告活動結束之前，doubleclick.

net 還沒傳送到指定的曝光次數，我們會按比例分配重新計算該廣告活動的費用。

　　AMP 的廣告預測這部份不是個小任務。我們要處理上百萬筆的歷史資料、維持一個相當大的篩選標準資料庫，而其中有些資料是模糊的。我們會需要有能力在需求五到十秒的時間內，做出可能性最高的預測。我們會追蹤刊登在 doubleclick.net 的每一個廣告，尤其會追蹤以下項目：

　　廣告分類
　　允許的網站
　　點選的網頁廣告
　　被網站瀏覽的廣告
　　被使用者／網域瀏覽的廣告
　　每一廣告的價格

廣告變數

網站管理流程（Website Management Process, WSMP）

　　網站必須先向 doubleclick.net 註冊登錄。我們需要瞭解網站的相關資訊以便更精確地撮合廣告；同時讓網站有能力控制展示出來的廣告類型。網站要標明哪個URL會包含廣告。網站必須要稍微增加一點東西來顯示 doubleclick.net 的廣告。當網站啟動這些修改的頁面之後，就開始由 doubleclick.net 置放的廣告中獲益。doubleclick.net 會追蹤每個廣告的各種統計數字，尤其是以下幾項：

　　使用者變數總計

　　內容類別

　　指標與其他網站

　　顯示的廣告

　　網頁統計數字（每一URL）

　　點擊

　　日期

　　時間

　　期間

　　造訪次數

　　停留時間

　　被允許的廣告主

　　區域／地方的興趣

網站變數

一、廣告伺服器流程（Ad Server Process,ASP）

　　ASP 是 doubleclick.net 系統的核心所在。這是一個即時的比對系統，將幾百萬筆的使用者要求跟適當的廣告作配對。ASP 基本上是一個精簡版的 HTTP 伺服器，高度調整使其能快速將廣告與異動記錄檔作一比對。

　　沒有任何一個廣告空間會被閒置。如果沒有瞄準目標的廣告可以符合使用者輪廓，我們會試著置放一個剩餘廣告，這是一種低成本的廣告，沒有針對某個特定的目標市場。如果沒有這類廣告，我們會放 doubleclick.net 網站的廣告或 doubleclick.net 的廣告。

這能為doubleclick.net 網站導入最大可能的營收，提供網站以及 doubleclick.net 免費刊登未使用的廣告空間。

　　ASP 同時也負責追蹤及展示廣告點選的行為。當一個使用者選擇某個顯示的廣告以獲取進一步資訊之時，即為所謂的廣告點選。ASP 追蹤哪些使用者從哪個網站收到哪些廣告。廣告點選是網路廣告中最吸引人的一部份，因此收集詳細的統計數字是必要的。

二、系統管理流程（System Management Process, SysMP）

　　doubleclick.net 的人員會運轉SysMP來執行系統管理的功能。這些管理功能包括啟動廣告、網站審核、以及資料庫維護。

三、應付及應收帳款流程（Payable and Receivable Process）

　　這兩個流程都不是讓 doubleclick.net 發揮功能的關鍵因素。一開始，我們會以人工方式執行這些功能，直到我們有足夠的資源來引進這些流程。

四、人力資源

　　為了要執行並管理上述的 doubleclick.net 產品，我們會在未來的二到六個月之間，另外再雇用四位資深軟體工程師，並增加一位工程師負責系統作業。

五、人員配置

　　本公司大多數員工都會在業務及行銷領域（註⑳）。我們的客戶主要是廣告主以及網站。對廣告主這邊，我們期望一開始先直接

銷售，未來再透過專門代表銷售。代表可能包括既有的出版商、經紀人、或是直效行銷公司。我們會使用第一線的業務人員以及電話行銷人員，來鎖定廣告公司以及廣告主。我們第一年的焦點將會是前面討論到的聯盟團體，之後再慢慢沿著垂直產業線來組織業務團隊。

我們可以將 doubleclick.net 的服務賣給現在以廣告為基礎的大型網站。這些網站一般已經都有廣告主，而這是一個可以快速產生營收的方法，同時也可以抑制這些網站在未來成為競爭對手。

我們會使用電話行銷來取得網站客戶。成為 doubleclick.net 的會員是完全自動化的，因此我們猜想有很多網站將會直接透過網站熟悉這項服務，並直接由網站加入。

【促銷】

堅強的促銷活動是我們成功的關鍵。正潮網際網路的熱潮，每個人都想談論這個話題，因此我們應該可以獲取注意力以及興趣。公共關係將會在「宣布公司成立」這件事上扮演一個重要角色。一開始我們會鎖定直效行銷的出版物，例如《廣告年代》、《廣告週刊》以及《直效行銷雜誌》等。我們也會鎖定電腦刊物，以吸引電腦產業的廣告主及網站。

我們會召開「在網際網路上瞄準目標市場進行廣告」的研討會，邀請廣告公司參加。我們一開始會鎖定舊金山、波士頓以及紐約；除了在這些地方舉行研討會之外，我們也會為網站舉辦研討會。

當然，doubleclick.net 的廣告將會成為一個主要的行銷工具。

我們希望全世界的廣告主以及網站都知道 doubleclick.net 的威力。
我們會購買主要網站的廣告版面，並為以下行業發展高度鎖定目標
市場的廣告：

- 廣告業
- 電腦業
- 出版及媒體
- 網站
- 電腦分析師
- 娛樂業
- 旅遊業

　　我們會參加廣告公司、直效行銷以及網路相關的商展，並且舉
行演講以推廣doubleclick.net。在這所有推廣活動中的目標，都是要
將潛在客戶導向我們的網站。

【定價】

　　瞄準目標市場將可以為廣告主省下許多費用。我們根據客戶在
選擇目標時所挑選的標準數來決定廣告的定價。廣告的價格會因鎖
定的對象越精準而越高。但是，「鎖定目標的廣告v.s.非鎖定目標
式廣告」在成本上會有相當大幅的下降。使用鎖定目標的廣告，廣
告主以及 doubleclick.net 雙方都能獲得最大利益。如果我們能有效
率地銷售高度鎖定目標的廣告，我們將可以增加每個廣告的收入，
增額遠超過每廣告的兩分錢。我們會對所有符合資格的廣告公司提
供15%的折扣。

　　doubleclick.net 可以降低或甚至消除網站的業務及行銷費用；

同時也能增加其廣告曝光次數，此舉對網站是非常有利的。我們可以幫助大大小小的網站，使其營收能增加一倍以上。

網站廣告比較	IAF之前	IAF
每一廣告之平均價格	0.02	0.031
業務及廣告費用	25%	15%
售出的廣告版面	505	100%
每一廣告之毛利	0.0075	0.0130
網站毛利潤增額		74%
與網站營收共享的最低比率	24%	

以「售出的廣告版面比率」而言，我們根據經驗假設，大部份的廣告網站都沒有到達百分之百的廣告能量。與網站營收共享的最低比率是我們必須提供的最低營收共享比率，以維持跟doubleclick.net之前相當的水準。在上述模型中，營收的分享比率是50％。

營收共享的另一替代方案是向網站購買廣告。根據Lycos 網站的定價水準，我們相信我們可以以低於1.5分的價格購得一廣告。在上述模型中，我們支付每一廣告的金額是1.43分。如果我們有能力銷售更多比率的目標市場式廣告，將可透過購買廣告（而非營收共享）來大幅增加利潤。不過，透過營收共享，我們有效地降低了未出售廣告空間的風險。

一個有趣的計算是：以最高的系統能量，讓廣告傳送成本壓到最低。在百分之百效率之下，一個廣告的傳送成本可以低到0.05

分。即使系統只用了10％的能量，單一廣告的傳送成本也只有0.5分。

【競爭分析】（註㉑）

跟任何市場一樣，此處也有相當激烈的競爭以及潛在競爭者。當然，我們一般是在競爭客戶的廣告預算；不過此處我們只針對網路廣告這個戰場的競爭作一分析。

一、高流量網站

目前有數個高流量網站（例如Lycos、Playboy以及Yahoo）都已經有廣告主。這些網站有能力可以每月置放10億的廣告；也可能可以對廣告主銷售。此外，廣告主如果想要開始進行網路行銷，最可能知道的網站就是這些；同時應該會偏好跟某一大型網站合作，而非數個小網站。

Lycos是網路上最普遍的搜尋伺服器，他們最近推出一種廣告程式，顯示跟搜尋要求有關的廣告。舉例來說，如果某個使用者搜尋「桌上型電腦」，畫面上可能就會出現東芝（Toshiba）的電腦廣告。這是一種瞄準目標市場的優良機制；但是，你可能需要有相當大量的廣告，以便符合幾乎有無限種可能的搜尋要求。

幸運的是，這些相同的網站也同樣是 doubleclick.net 的客戶，即使它們仍保有自己的廣告主也無妨。高流量網站可以使用 doubleclick.net 來銷售廣告存貨；doubleclick.net 可以針對這些大型網站，提供具有吸引力的條件，以招攬它們加入。我們推測，以上網站中，應該沒有一家有辦法複製 doubleclick.net 用來作廣告配對

的 IP-DB 資料庫。

二、線上服務提供者（OSPs）

　　如 AOL、Prodigy、MSN、以及 CompuServe 這一類的線上服務提供者，已經跟許多公司、內容提供者以及廣告主有業務往來。OSP 可以建立一個 IP-DB，並且跟自有的會員輪廓剖析整合在一起。

　　OSP 的網路策略在此時仍不清楚。看起來它們都專心於成為網路服務提供者（ISP）；同時致力於支持內容的發展。OSP 可能會成為我們最大的行銷機會，或是最大的競爭對手。

三、朝向網際網路發展的出版商及廣播電台

　　許多傳統出版社及廣播電台都將其內容往網際網路上移動。《今日美國》、《華爾街日報》、ESPN、以及每一個電視網路都在網際網路上出現。這些公司與廣告主已有一定的關係，可以銷售網路廣告給這些客戶。

　　幸運的是，這些網站同樣也是 doubleclick.net 的潛在客戶，即使它們已有既存的廣告主也無妨。出版社與廣播網站可以運用 doubleclick.net 來銷售廣告存貨；doubleclick.net 可以針對這些大型網站，提供具有吸引力的條件，以招攬它們加入。我們推測，以上網站中，應該沒有一家有辦法複製 doubleclick.net 用來作廣告配對的 IP-DB 資料庫。另外，我們可以將 doubleclick.net 的服務銷售給目前以廣告為基礎的大型網站。這些網站一般都已經有廣告主，而這將會是一個快速產生營收的方法，同時也可以避免這些網站在未

來成為競爭者。

四、訂閱服務

　　就跟線上服務提供者一樣，目前網路上已經有許多訂閱服務。一般來說，訂閱服務是可以免費刊登廣告的。因此，訂閱網站是需要花錢加入的。訂閱服務是對整個網際網路廣告產業的一個威脅。我們認為，以廣告為基礎的網站，將會遠遠超過訂閱為基礎的網站。的確，訂閱為基礎的網站可能會成為 doubleclick.net 廣告業務的候選人。

五、doubleclick.net 的複製者

　　在你讀到這一段說明時，世上的某個角落裡，已經產生了另一個類似 doubleclick.net 的服務了。很明顯的，廣告是一個具有吸引力的「問題」，大家爭相要對這個問題提出解決方案。Focallink、Interactive Media、Katz 以及 Petry 看來是最有可能的競爭者。

　　要建立一個競爭系統，可能需要至少六個月的時間。即使我們的服務看起來似乎很簡單，但後台的技術是相當複雜的。IP-DB 的建立與維護是執行精準廣告配對的關鍵所在；牽涉到排程以及即時廣告配對的運算法是相當嚴謹的。我們會保護大部份的後台技術，將其視為我們的商業機密。此處跟任何市場都一樣，市場佔有率是對競爭的最佳防衛。如果我們位居龍頭，有能力快速建立關鍵多數，那麼行銷的領導地位將會是我們的。

　　以下是不同廣告媒體特色的詳細比較：

	重要性	報紙	雜誌	有線電視	直效行銷郵件	網路廣告	IAN
控制頻率的能力	1	3	2	3	2	3	1
控制接觸率的能力	1	2	2	2	1	3	1
測試市場的能力	1	2	3	3	1	2	1
追蹤購買情形的能力	1	2	3	3	1	3	2
資訊的深度	1	3	3	2	2	1	1
地理區域的彈性	1	1	3	2	1	3	1
涵蓋全國市場的成本	1	3	1	1	3	1	1
曝光機會	1	3	3	2	3	1	1
個人化	1	3	2	2	2	3	1
區域成本	1	1	2	3	2	3	1
消費者回應的追蹤	1	2	3	3	1	3	1
立即性	1	2	3	2	1	1	1
瞄準目標市場或集中程度	1	3	2	2	1	2	1
發行量的控制	2	3	1	3	2	3	1
訊息傳遞的控制	2	1	3	1	3	3	1
刊登廣告的容易程度	2	2	2	3	3	2	1
高度逼真的色彩	2	3	1	1	1	2	2
大眾市場	2	2	1	1	3	3	3
製作成本	2	2	2	3	3	1	1
視覺及音效	2	3	3	1	3	3	3
目錄價值	3	3	1	3	3	1	1
結束日期是否有彈性	3	2	3	3	2	3	1
對不同種族的吸引力	3	1	1	2	1	3	3
傳閱視聽眾	3	3	1	3	3	3	3
使用者控制度	3	2	2	3	2	1	1
刊載媒體壽命	3	2	1	3	3	1	1

	重要性	報紙	雜誌	有線電視	直效行銷郵件	網路廣告	IAN
《選擇度／鎖定目標市場的標準》							
興趣領域	1	3	1	3	1	3	1
公司主要產業分類	1	3	2	3	1	3	1
公司營收	1	3	3	3	1	3	1
公司次要產業分類	1	3	2	3	1	3	1
頻率	1	3	2	1	1	3	1
地理區域位置	1	1	3	3	1	3	1
工作的功能/標題	1	3	1	3	1	3	1
作業系統	1	3	1	3	1	3	1
接觸情形	1	3	2	3	1	3	1
組織型態（如edu,mil）	1	3	2	3	1	3	1
使用者興趣	1	2	1	3	1	2	1
網站的人口統計變項	1	3	3	3	3	2	1
網站	1	3	3	3	3	1	1
日期與時間	2	1	3	3	2	3	1
回應的可能性	2	3	3	3	2	3	1
已被瀏覽的廣告	2	3	3	3	3	3	1
公司員工數	3	3	3	3	1	3	1
公司名稱	3	3	3	3	1	3	1
日期	3	1	3	3	2	3	1
性別	3	3	1	3	1	3	1
興趣／線上服務提供者	3	3	3	3	2	3	1
處理量（吞吐量）	3	3	3	3	3	3	1
網路瀏覽器	3	3	3	3	3	3	1

評分：1代表「卓越」；2代表「好」；3代表「差勁」

【風險分析】（註㉒）

在這個單元中，我們會找出 doubleclick.net 的主要風險，並且根據風險程度及可能發生的機率作一評等。

風險1　競爭

即使 doubleclick.net 的執行工程將會相當可觀，但其他公司可以在短短六到十二個月的時間之內，複製我們的模式。目前我們不認為這產品可以登記專利，因此我們會仰賴商業機密來增加對手的進入障礙。

如同我們在「定價」單元中所述，在能量滿載的情況下，傳送一個廣告的成本只要0.02分。如果供給遠大於需求的話，可能會讓網路廣告成為一個商品化產品。

- 風險程度：中等
- 可能性：高

風險2　網路廣告的成長不如預期

網路廣告是一個新的模式，成效也還沒獲得證明。但是，我們相信這個市場可行的，有能力鎖定目標市場、並且衡量哪些人看到廣告，這種威力是相當令人注目的。

- 風險程度：高
- 可能性：低

風險3　廣告過濾器

有些人可能會建立一個網路瀏覽器或是附加瀏覽器，藉此過濾所有的廣告。我懷疑網路瀏覽器的主要製造商會作這種事，因為

它們多半也會設計：以廣告支持式網站為主要客戶的網路伺服器軟體。比較可能的狀況是：某個人寫了一個 winsock DLL，加在網路瀏覽器跟 TCP/IP 暫存器之間。這個 DLL 會過濾掉 HTTP 對所有類似 doubleclick.net 這種服務的要求。

　　避免讓廣告造成使用者的困擾，這一點非常重要，否則他們就會想辦法在電腦中加入這一類的過濾器。不管在任何情況下，只有一小部份的人會執行這一種過濾器。

　　有兩種方法可以破壞這種附加程式。第一種是讓網站的異動檔跟我們為該網站設定的廣告異動檔產生相關性。我們可以偵測哪些使用者是沒有要求廣告的，並且限制其未來對網站的存取。另外一個方法仍須測試：就是保全所有廣告頁面（使用SSL技術，這種技術現在在網路瀏覽器及伺服器中非常普遍）如此，過濾器就沒辦法干擾到編有密碼的頁面。

- 風險程度：低
- 可能性：高

風險4　快速貯存緩衝區

　　有些線上服務提供者、代理伺服器以及網頁瀏覽器會暫存網頁頁面，藉此降低流量的要求與存取速度。這是將頁面存下來，因此當同一個使用者或另一個使用者（這是線上服務提供者或代理伺服器中可能發生的狀況）要讀取同一個頁面時，可以從此暫存區取得而不需要再次透過網路。這一開始只是對網路的一種慷慨行為；但是，對於以顯示次數為基礎的廣告來說，卻是一大問題，因為單一顯示頁面可能會被許多使用者觀賞。

關於這個問題的解決方案有三種。第一我們可以讓網頁「過期」，強迫緩衝區重新由網路下載。我們並不清楚，有多少線上服務提供者及代理伺服器會接受這種指令。但是我們會在開發的過程中，深入瞭解這種「過期」指令在代理伺服器上的效能如何。

第二個解決方案則是涉及向線上服務提供者取得點擊率。當doubleclick.net 代表為數眾多的網站時，我們需要在取得這一資訊上扮演領導的角色。線上服務提供者很可能會偏好跟單一組織合作、而非跟可能為數上千的個別網站合作。代理伺服器應該不會是大問題（到今天為止是如此），因為防火牆在大部份的組織都很普遍，而大部份的代理伺服器都會認可 HTTP 的過期以及 no-cache 的標題。

第三種解決方法是對暫存系統的正當性提出質疑。這種作法合法嗎？可能不，因為暫存一個具有版權的頁面將會剝奪擁有者的經濟價值。

- 風險程度：低
- 可能性：中等

風險5　隱私權

今天，使用者可以匿名取得網路伺服器，他們很清楚知道。在doubleclick.net 使用者的身份不會如此「不詳」。即使我們可能不知道使用者的姓名，但可以透過廣告追蹤他，或知道他似乎在舊金山為一家紙業公司執行 UNIX 系統。我們的系統可以長時間明確地追蹤到相當大比例的個人、並且瞭解他們喜歡什麼、或不喜歡什麼，這些都是可以做到的。

為了將隱私權的問題降到最低，我們會將所有使用者的資訊保密。廣告主及網站只能取得匿名的輪廓資料。我們也會確定使用者都清楚知道這一點。

- ·風險程度：低
- ·可能性：中等

【未來發展】

幸運的是，我們可以在 doubleclick.net 上加上許多額外的功能，也可以擴展到許多額外的市場去。本單元簡單說明了一些 doubleclick.net 未來可以發展的方向。

◆ 工商名錄服務

我們可以建立一個電子郵件公司，依據由 doubleclick.net 蒐集來的資料郵寄名單以及網路新聞的索引服務。我們可以提供堪稱目前市面上最完整的名錄服務，並且用來作為廣告或由訂閱者處收集資訊。

◆ 鎖定目標對象的廣告服務

讓網站為其廣告主提供目標市場。這將可以降低自行發展目標市場式系統的大型網站所帶來的威脅。許多大型網站（如ESPN）會想要控制帳戶、但也會需要瞄準目標市場跟doubleclick.net競爭。此外，這將可以為doubleclick.net創造一個有效的發行通路。

◆ 折價券

我們可以設計電子折價券，有效刺激使用者購買；同時能更加準確地追蹤廣告與購買之間的關係。

◆ 自助式廣告網站

網際網路上有相當多活躍的網站，其所屬公司使用這些網站的目的是跟現有的溝通模式作搭配，例如電話、郵件以及電子佈告欄系統。網路提供一個傳送訊息及顧客服務的低價方法。我們相信這些組織本身可能已經是 doubleclick.net 的客戶；可以透過將自己的產品推薦給網站使用者，藉以由 doubleclick.net 獲益。

我們也可以將同樣的服務賣給網路購物網站。當某個潛在客戶進入這一伺服器後，doubleclick.net 可以告訴這位使用者，符合他喜好的某項特定事物正在作促銷活動。這對網站來說是一個非常強力的工具。

◆ 跨國公司輪廓剖析

我們一開始會將焦點放在美國市場，在未來我們會取得美國以外公司的相同的輪廓剖析。

◆ 使用者調查

贊助競賽，鼓勵使用者填寫自己的背景資料與喜好。當然，我們只會瞄準那些我們能個別認定出來、但沒有其個人資料的使用者。

◆ 消費者人口統計變項

　　找出使用者，並且擁有一些個人資料（如電話或地址）之後，我們可以由其他消費者研究團體取得關於這位使用者更詳細的人口統計變項資訊。

◆ 通用賓果卡

　　我們可以提供廣告主一種通用的賓果卡，傳送使用者額外資料給我們，就可以獲得這張卡。一旦有了這些資訊，使用者在被要求某些資料時，就不需重新填寫賓果卡了。我們可以對這名單索取少許費用，同時也可以持續建立我們的網際網路輪廓資料庫（IP-DB）。

◆ 廣告多元性

　　一個廣告主可以製作許多個相同的廣告，可以跟某些特定的資訊（例如城市或吞吐量）作連結。舉例來說，可口可樂可以向所有由日本連接過來的使用者展示日語版本的廣告；或是針對高速網路連結的使用者展示動畫。

◆ 多重廣告配置

　　我們希望以不同的價格提供不同類型的廣告（地點以及大小）。舉例來說，一個在畫面頂端的橫幅廣告可能會比在底端的廣告要來的貴。

◆ 詐欺偵測器

到最後，有些網站會創造出一個程式來連結到它們的網站，藉此為其廣告數字灌水。我們將有能力偵測出這類的詐欺行為，只要查閱 doubleclick.net 的異動檔案即可得知。

◆ 錯誤容忍度

我們會需要系統能全天、全年無休地運作，停機時間越少越好。我們的系統會有一個快速敏捷的後援系統；當然我們也可以採用其他衡量指標來確保錯誤容忍度。

◆ 國際擴張

我們可以在全世界各地建立 doubleclicke.net 的伺服器以及業務辦公室。事實上，除了效率的考量以外，現有的 doubleclicke.net 本就可以處理國際性的廣告。

◆ doubleclicke.net 直效服務

在網路上提供一個直接訂購的服務，當使用者點擊某個廣告之後，在他面前會顯現出額外的資訊，讓使用者可以直接透過網路完成訂購。doubleclicke.net 在每一筆交易上，都可以取得廣告以及營收。

◆ 網站資料剖析

我們可以用批次或即時的方式，為商業網站提供詳細的使用者輪廓剖析。市場上現有數個網站稽核套裝軟體；但看來似乎沒有一

個可以提供像 doubleclicke.net 這麼詳細的資訊。

◆ 自動校正

　　廣告主先從一個沒有瞄準目標市場的廣告活動開始；doubleclicke.net 會找出哪些使用者最可能點選廣告。在 doubleclicke.net 學習的過程當中，廣告就會越來越精準瞄準到可能的目標。

註① 在我們讓任何人閱讀這份文件之前，我們會請他們簽署一份保密協議，但老實說，我認為簽這文件其實只是浪費時間而已。要讓每個人簽這份文件要耗上許多時間，如果真的有人洩密，也幾乎不可能找出到底是從哪裡洩漏出去的。

註② 大部份的營運計畫都沒有這一項，但我實在覺得應該加上這個部份。你應該在營運計畫書的第一頁，用「一句話」告訴其他人，你想要解決的是什麼樣的問題。

註③ 你要讓所有人很方便能跟你聯絡上。我總是搞不清楚，為什麼大家都不把聯絡資料放在第一頁？這樣做的道理看來應該是顯而易見才對，不是嗎？

註④ 我在考慮是否要投資一家公司時，第一個要看的就是這個部份。每個投資人都會跟我一樣。因此，這部份一定要是整份文件中最吸引人的。將你大部份的時間花在準備這一部份，從接下來的每一章節（產品、定位、定價等）當中，淬取出最精華的部份。人們需要先瞭解這家公司的成立緣起，但你也應該要讓他們對你的東西感到興奮。

你可以將這部份稱為「摘要」或如我們所稱的「提要」。名稱是什麼不重要，請盡量讓這部份簡單而且有吸引力。告訴潛在投資人以下三件事：你真正打算解決的是什麼問題；這個問題有多大；以及，你為什麼是解決這問題的最佳公司。投資人可是很忙的，他們每個禮拜會收到幾百個營運計畫，不可能對你特別另眼看待。你必須自己設法讓他們對你另眼看待。用「摘要」吸引住他們，讓他們想要繼續往下讀。這只是前戲而已。

註⑤　你可能會發現，我們在整個營運計畫裡都稱自己的公司為 doubleclick.net，其中的原因是：當我們剛開始創立公司時，某個人已經先註冊 doubleclick.com 這個網址；而因為我們第一個產品是 doubleclick Network，因此我們將公司名稱訂為 Doubleclick.net，今天大家都直接稱我們公司為 DoubleClick。（我們在1990年代中期將 .com 的名稱買回來了）

註⑥　Poppe Tyson 是控股公司 BJK＆E 旗下的一家小型廣告公司。他們在某個部門裡有一個叫做DoubleClick 媒體業務四人小組，我們在1996年一月跟這個 DoubleClick 小組合併，成立 DoubleClick 公司。

註⑦　這很糟糕，我知道。在這整本書當中，我不斷減低專家的重要性；我始終認為，你會被他們的意見給搞糊塗了。事實上，如果你在自己的領域不是專家，一定有哪裡出了問題。我在營運計畫當中引用了專家的話，因為人們比較願意聽他們的意見。既然如此，我通常會使用「專家意見」來支持我個人的論點。我絕對會聽專家的，但也總是對他們的意見有所保留。他們提供的只是另外一些資訊而已，我不會讓這些過份左右我的意見。

註⑧　你會注意到，圖上所示的確顯示出這一點，但又沒有過度浮誇。不管任何事，「太多」都是不好的。不要做一個笨蛋，但也不要搞得太大。營運計畫是一種微妙的藝術。

註⑨　你可能還記得我們前面曾經討論到的，我們的公司 ICC 被 DCA 買下；DCA在1995年與 Attachmate 公司合併。

註⑩　跟其他「參考資訊」一樣，如果人們認得這些公司的名稱的話，將有助於我們的訊息傳達。

註⑪　你會注意到，我們在整個計畫當中都使用簡單而直接的語言，沒有什麼專業術語。行話最多只是輔助；但最糟的情況可能會隱藏某些訊息。我曾經接到滿篇都是專業術語的營運計畫書，根本沒有告訴讀者他們到底要作什麼，這是很可悲的。

註⑫　「興奮」和「過度渲染」之間有很大的不同。潛在的投資人喜歡看到興奮的創業家。「過度渲染」最多被認為是過度誇大事實；最糟還可能變成詐欺。你可以「興奮」，但切記不要「過度渲染」。

註⑬　符合實際的期望是不可或缺的。營運計畫最重要的一個功能，就是衡量創辦者的智力水準。某家公司如果預估自己將會快速成長，成為史上獲利度最高的公司，這個情況發生的可能性有多高？

註⑭　你會發現，我們的計畫中沒有一大堆其他的財務預測。我不反對列出一大整頁滿滿的數字，如果那可以吸引投資人的話。要做到這一點非常簡單。但我認為我們此處所提出的數字是最相關的，可以完整揭露出我們這項新事業真正的實際狀況。

我們架構這份營運計畫的方式跟整本書的主要前提是一致的：你可以作的事情可能有上百件；而其中可能只有五件是你真正需要作的。投資人可不想聽到一百件事，請聚焦在真正需要的那五件就好了。

註⑮　你會發現，我們並沒有多著墨於財務預估下所呈現的未來。
「預測」需要靠市場的成熟度。要預測能源消耗情形或住宅
建築開工率，都比預測一個不存在的市場（如同1990年代早
期到中期時的網際網路一樣）還要容易。為這種不存在的新
市場作三到五年的預測，根本是沒有價值的。

比實際預測更為重要的，是在這後面的思維。作為一個潛在
投資人，你會想要知道：「這些創業者真的瞭解影響他們這
項事業有哪些變數嗎？」大多數網路公司的基本問題就在
於：它們對其事業沒有一個基本的經濟性瞭解。舉例來說，
如果要爭取一位新客戶的成本要高過其預期終身價值，那麼
這生意根本不值得做。或是，如果公司的毛利是負值，那麼
你根本是個白癡。（如果有人讀到這些、最後還作了投資，
那些人就更白癡了）

註⑯　IAF意指網路廣告聯盟（Internet Advertising Federation），為
DoubleClick Network 的第一個名字。此圖表說明了我們的
基本營運模式。

註⑰　我們曾提過這一點嗎？絕對有。將焦點放在少數幾件重要的
事情上，並且在整個營運計畫書當中不斷重複，以確保訊息
真正傳遞到讀者心裡。

註⑱　我們的擔憂是，我們面對的市場是如此的大，一家小型新創
公司大概很難保住業界領導品牌的地位吧──不過，我想我
們錯了！

註⑲　為什麼要花這麼多的篇幅說明我們的技術？道理很簡單。科
技公司需要建立起進入障礙。簡單的技術很容易被抄襲，複

雜的技術幾乎是不可能複製的。人們會想要投資在一個能建立進入障礙、有效降低競爭、對抗價格侵蝕戰的公司。你要是越能說服對方，你有可防禦的技術，情況就會越好。這就是我們花這麼多篇幅說明技術的原因。

註⑳ 我們用這一句話帶過營運計畫中傳統的「管理」這個單元。既然當時我們只有兩個人，我們就直接將個人簡歷附於計畫書最後。

不過，你應該在營運計畫書中，稍微說明關於管理的部份。當你在作這一部份時，請記住「少即是多」這個最高指導原則。我建議你不需過於詳述管理團隊的背景，只要提供概述即可。人們希望看到高階主管過去具有成功的紀錄，因此請特別強調這一部份。如果你有哈佛的學位，那很棒；如果你拿的是藍辛社區大學的學位，就不用強調了。不要光提你工作過的公司，多談談你在那些工作時的成功故事。

註㉑ 「競爭者分析」是非常重要的一段。你會看到我們花很多時間在這上面。你不只需要說明你的直接競爭者，還需要討論稍有相關的競爭者，也就是可能進入這一領域的公司。你可以自我逃避，認為大公司不會看得上你、跟你競爭；但如果你真的成功，他們一定會。談談這些吧，投資人喜歡看到具有偏執狂的主管。

註㉒ 你不會想讓任何人收到意外「驚喜」。因此你必須要分析各個主要風險。你要明確地談論：這可能在哪些地方發生、發生的可能性有多高；以及如果發生時你的應變作法為何。你要讓潛在投資人看到，你已經將這些風險都納入考慮了；你

也要讓他們看到你對此的思維模式。對於這樣的創業者，投資人會認為：「這個點子可能不會有效，但這些人夠聰明，可以在必要時構思出一個新的策略。」

註㉓　這些涵蓋了所有基本的內容。你想要放進來的其他東西可能不是那麼有趣。你可以列出一些具有聲望與資格的董事會人選。如果你希望，也可以提供一些經過慎重選擇的推薦人名單以及相關文件。但以我而言，這些的重要性比不上告訴對方「你要作什麼」以及「你為什麼會成功」。我會焦點放在「簡單」而非「複雜」之上。計畫書的厚度並不是取得投資人青睞的關鍵。